Jérôme Acker

Einfluss des Alkali/Niob-Verhältnisses und der Kupferdotierung auf das Sinterverhalten, die Strukturbildung und die Mikrostruktur von bleifreier Piezokeramik $(K_{0,5}Na_{0,5})NbO_3$

**Schriftenreihe
des Instituts für Angewandte Materialien**

Band 4

Karlsruher Institut für Technologie (KIT)
Institut für Angewandte Materialien (IAM)

Einfluss des Alkali/Niob-Verhältnisses und der Kupferdotierung auf das Sinterverhalten, die Strukturbildung und die Mikrostruktur von bleifreier Piezokeramik $(K_{0,5}Na_{0,5})NbO_3$

von

Jérôme Acker

Dissertation, Karlsruher Institut für Technologie (KIT)
Fakultät für Maschinenbau, 2012

Impressum

Karlsruher Institut für Technologie (KIT)
KIT Scientific Publishing
Straße am Forum 2
D-76131 Karlsruhe
www.ksp.kit.edu

KIT – Universität des Landes Baden-Württemberg und
nationales Forschungszentrum in der Helmholtz-Gemeinschaft

KIT Scientific Publishing 2012
Print on Demand

ISSN 2192-9963
ISBN 978-3-86644-867-4

Einfluss des Alkali/Niob-Verhältnisses und der
Kupferdotierung auf das Sinterverhalten, die Strukturbildung
und die Mikrostruktur von bleifreier Piezokeramik
$(K_{0,5}Na_{0,5})NbO_3$

Zur Erlangung des akademischen Grades
eines
Doktor der Ingenieurwissenschaften
der Fakultät für Maschinenbau des
Karlsruher Instituts für Technologie (KIT)

genehmigte Dissertation
von

Dipl.-Ing. Jérôme Acker
aus Geispolsheim-Gare, Frankreich

Tag der mündlichen Prüfung: 16.02.2012
Hauptreferent: Prof. Dr. rer. nat. Michael J. Hoffmann
Korreferent: Prof. Dr. rer. nat. Gerold Schneider

Danksagung

Die vorliegende Arbeit entstand während meiner Tätigkeit als wissenschaftlicher Mitarbeiter am Institut für Angewandte Materialien – Keramik im Maschinenbau (IAM-KM) des Karlsruher Instituts für Technologie (KIT) im Rahmen eines DFG-Projekts (DFG Projekt HO 1165/14-1).

Mein besonderer Dank gilt Herrn Prof. rer. nat. Dr. M.J. Hoffmann, der mir die Möglichkeit zu den Forschungsarbeiten eröffnet und die Arbeit mit großem Interesse verfolgt hat. Herrn Prof. Dr. rer. nat. Gerold Schneider danke ich für die Übernahme des Korreferats.

Im Rahmen des DFG-Projektes habe ich dank Herrn Prof. Dr. Christian Elsässer und Frau Dipl.-Phys. Sabine Körbel Simulationsmethoden und dank Herrn Dr. habil. Rüdiger-A. Eichel und Frau Dr. rer. nat. Ebru Erünal die EPR-Analye kennen gelernt.

Bei meinen Kollegen vom Institut möchte ich mich ganz herzlich für das gute Arbeitsklima und die große Hilfsbereitschaft aller bei der Durchführung von Versuchen sowie die stimulierenden Diskussionen bedanken. Insbesondere die Techniker Annette Kamilli, Rainer Müller und Dominic Creek haben mich bei der Arbeit mit dem KNN unterstützt, eine Keramik, die für sie viel Arbeit bereitet hat. Ich denke bei dieser Danksagung auch an meine Diplomanden und alle Hiwis, die immer sehr gute Arbeit abgeliefert haben.

Last but not least möchte ich mich bei meinem Arbeitskollegen Herrn Dr.-Ing. Hans Kungl für die große Hilfe bei der Korrektur dieser Dissertation, für die anregenden wissenschaftlichen Diskussionen und für die Unterstützung bei der alltäglichen Laborarbeit, insbesondere als mein Knie im Jahr 2008 verletzt war, bedanken.

Inhaltsverzeichnis

1. Einleitung...1

2. Grundlagen zu KNN..5
2.1. Phasendiagramme...7
2.1.1. Phasendiagramm $KNbO_3 - NaNbO_3$..................................7
2.1.2. Phasendiagramme $Nb_2O_5 - K_2CO_3$ und $Nb_2O_5 - Na_2CO_3$................8
2.2. Herstellung von KNN Keramiken.......................11
2.3. Cu-Dotierung von KNN...................................12

3. Experimentelle Durchführung........................17
3.1. Pulverherstellung..17
3.2. Probenherstellung..19
3.3. Dilatometermessungen.......................................19
3.4. Sintern, Dichtemessung und Masseverluste 20
3.5. Berechnungen zum Einfluss der Masseverluste
     auf die Stöchiometrie..21
3.6. Röntgendiffraktometrie und Präparation.............23
3.7. Rasterelektronmikroskopie und Präparation.........28
3.8. Elektrische Messungen.......................................28
3.8.1. Messung der dielektrischen Eigenschaften............28
3.8.2. Messung der Polarisation und der Dehnung...........29

4. Ergebnisse...31
4.1. Undotiertes KNN...31
4.1.1. Kalzinierte KNN Pulver.....................................31
4.1.2. Sinterverhalten des KNN...................................37
4.1.2.1. Dilatometrische Untersuchungen......................37
4.1.2.2. Drucklose Sinteruntersuchungen......................39
4.1.3. Röntgenanalyse der gesinterten KNN Proben.........41
4.1.4. Mikrostruktur von KNN Proben..........................43
4.2. KNN dotiert mit 0,25 mol% Cu.........................47
4.2.1. Kalzinierte KNN-0,25Cu Pulver..........................47
4.2.2. Sinterverhalten von KNN-0,25Cu........................48

4.2.2.1. Dilatometrische Untersuchungen...48

4.2.2.2. Drucklose Sinteruntersuchungen..50

4.2.3. Röntgenanalyse der gesinterten KNN-0,25Cu Proben....................................52

4.2.4. Mikrostruktur von KNN-0,25Cu Proben..54

4.3. KNN mit B-Überschuss und steigendem Cu-Gehalt............................56

4.3.1. Kalzinierte Pulver..57

4.3.2. Sinterverhalten...58

4.3.2.1. Dilatometrische Untersuchungen...58

4.3.2.2. Drucklose Sinteruntersuchungen..59

4.3.3. Röntgenanalyse von Cu-haltigem KNN mit B-Überschuss...................63

4.3.4. Mikrostruktur von Cu-haltigem KNN mit B-Überschuss....................66

4.3.5. Elektrische Eigenschaften von B-reichen KNN
          mit steigenden Cu-Gehalt..69

4.3.5.1. Dielektrische Eigenschaften...69

4.3.5.2. Polarisation und Dehnung bei hohen Feldstärken.......................................71

4.4. Sekundärphasen..74

4.4.1. Röntgenanalyse der kalzinierten Pulver...74

4.4.2. Sinterverhältnis und Dichte der Sekundärphasen...77

4.4.2.1. Dilatometrische Untersuchungen...77

4.4.2.2. Drucklose Sinteruntersuchungen..78

4.4.3. Mikrostruktur der Sekundärphasen...80

4.4.4. Elektrische Eigenschaften von Zusammensetzungen
          der $K_4CuNb_8O_{23}$ Struktur..83

4.4.4.1. Dielektrische Messung..83

4.4.4.2. Messung der Polarisation..85

**4.5. KNN-Cu mit 2 mol% Kupferdotierung und verschiedenen A/B
          Verhältnissen..87**

5. Diskussion...91

5.1. Stöchiometrie...91

5.1.1. Pulver Charakteristik...91

5.1.2. Sintern und Mikrostruktur..93

5.1.2.1. Stöchiometrisches KNN..93

5.1.2.2. KNN mit A-Überschuss..97

5.1.2.3. Einfluss des Masseverlustes auf die Stöchiometrie.....................................100

5.1.2.4. KNN mit B-Überschuss...103
5.2. KNN mit geringem Cu Gehalt..105
5.2.1. KNN-0,25Cu mit A- und B-Platz Überschuss.....................................106
5.2.2. KNN-0,25Cu mit nominell stöchiometrischen Zusammensetzungen.109
5.2.3. Einbauplatz von Cu ins Gitter...112
5.3. Bildung von Sekundärphasen in kupferdotiertem KNN.....................114
5.3.1. Identifikation der Sekundärphasen..114
5.3.2. Sekundärphasenbildung und deren Einfluss auf die Stöchiometrie
      von KNN-Cu...118
5.3.3. Entwicklung der Sekundärphasen in Abhängigkeit von Cu-Gehalt
      und Sintertemperatur...121
5.3.4. Einfluss der Sekundärphasen auf Sinterverhalten
      und Gefügeausbildung...126
5.3.5. Pulverbettversuche...128
5.3.6. Verschiebung der Stöchiometrie in den drei KNN
      Zusammensetzungen mit 2 mol% Cu und geringen Änderungen
      des A/B Verhältnisses..129
5.4. Anwendungsorientierte Eigenschaften von KNN-Cu.........................131
5.4.1. Zusammenstellung der Sekundärphasen in KNN-Cu..........................131
5.4.2. Sinterverhalten..133
5.4.3. Einfluss der Feuchtigkeit auf die chemische Stabilität.......................134
5.4.4. Vergleich Cu-Substitution gegenüber Cu-haltigen Sinteradditiven....135
5.4.4.1. Vergleich der Mikrostrukturen zwischen
      den Herstellungsverfahren...137
5.4.4.2. Dehnungsverhalten...139

6. Zusammenfassung...153

7. Literatur...155

1. Einleitung

Die Entwicklung von Alkali-Niobat basierten Keramiken ist eines der bedeutendsten Forschungsthemen, bei der Suche nach Substitutionswerkstoffen für den bleihaltigen ferroelektrischen Werkstoff $Pb(Zr, Ti)O_3$ (PZT). Obwohl Piezokeramik kommerziell seit langer Zeit verfügbar ist, wurde eine weitverbreitete Anwendung insbesondere im Bereich der Aktorik in den letzten Jahren erst durch neue Herstellungsmethoden (Multilayer) ermöglicht. Sehr genaue und schnelle Bewegungen von einigen Mikrometern können von Aktoren geleistet werden. Zum Beispiel können im Bereich der Automobilindustrie für die Kraftstoffeinspritzung, die Einparkhilfe oder bei der Schwingungsdämmung zur Geräuschauslöschung Piezokeramiken eingesetzt werden. Als weitverbreitetes Material wird Blei-Zirkonat-Titanat (PZT) wegen seinen hervorragenden piezoelektrischen Eigenschaften, ausreichender mechanischen Stabilität und dem für die Industrie relativ einfach Herstellungsprozess eingesetzt. Die erhöhte Anzahl an Anwendungen führt zur Verarbeitung von größeren Mengen an bleihaltigen Materialien. Als Konsequenz wurde von der Europäischen Union im Jahr 2003 entschieden, gefährliche Stoffe wie Blei durch weniger schädliche Stoffe zu ersetzen [EU03]. Diese Entscheidung führte zu dem derzeitigen Interesse an der Entwicklung von bleifreien Piezokeramiken [Röd09]. $K_{1-x}Na_xNbO_3$ wurde nach den Veröffentlichungen von Saito et al. über mit Li, Ta und Sb modifiziertes KNN [Sai04], [Sai06] das am meisten untersuchte bleifreie ferroelektrische System [Röd09]. Die mit Li, Ta und Sb modifizierten Zusammensetzungen können nach dem Sintern Dehnungen über 300 pm/V bei Raumtemperatur und durch geeignete Kornorientierung sogar über 400 pm/V erreichen. Das ferroelektrische $KNbO_3$ zeigt Dehnungen von 57 pm/V und das antiferroelektrische $NaNbO_3$ weist per Definition keine piezoelektrische Eigenschaften auf. Undotiertes $(K_{0,5}Na_{0,5})NbO_3$ weisen je nach Sinterprozess Dehnungen von 80 bis 160 pm/V auf [Röd09].

Kalium-Natrium-Niobat $(K_{0,5}Na_{0,5})NbO_3$ (KNN) gilt als Grundmaterial für die bleifreien ferroelektrischen Keramiken mit einer Perowskitstruktur der Form $A^{1+}B^{5+}O^{2-}_3$. Die Herstellung von KNN basierten Keramiken ist aufgrund des hygroskopischen Verhaltens der Ausgangsstoffe Kalium- und Natriumkarbonat und der Verdampfung der Alkalimetalle bei hohen Temperaturen eine

Herausforderung. Diese zwei Aspekte erschweren die Überwachung und die Einhaltung der erwünschten Stöchiometrie der Keramik während des ganzen Herstellungsverfahrens. Der mögliche Alkali- oder Niobüberschuss führt im KNN zu ausgeprägten Unterschieden in der Mikrostrukturbildung.

Ähnlich zu vielen anderen Perowskitkeramiken sind die für Anwendungen brauchbaren Eigenschaften von KNN relativ gering. Es konnte allerdings gezeigt werden, dass sich sowohl die Herstellung als auch die ferroelektrischen Eigenschaften durch die Dotierung mit isovalenten oder aliovalenten Ionen verbessern lassen [Röd09], [Mal05]. Die Dotierung mit Kupfer oder mit kupferhaltigen Sinteradditiven spielt hierbei eine bedeutende Rolle [Mat05]. Die Analyse der Effekte einer Dotierung mit Kupfer muss sowohl den Kupfergehalt als auch den Zusammenhang zwischen Kupfergehalt und A/B Verhältnis der Perowskitstruktur berücksichtigen. Wenn der Cu-Gehalt unterhalb der Löslichkeitsgrenze bleibt, baut sich Kupfer in der Perowskitstruktur von KNN ein. Diese Substitution beeinflusst jedoch die Stöchiometrie und muss deshalb bei der Einwaage der Ausgangspulver berücksichtigt werden. Der Substitutionsplatz von Kupfer in der Perowskitstruktur muss bekannt sein, um Pulver mit wohl definierten A/B Verhältnis zu synthetisieren. Neben der Kenntnis des Substitutionsplatzes ist auch der Mechanismus des Ladungsausgleichs von Bedeutung, um das A/B Verhältnis im dotierten KNN zu beherrschen. Die Effekte einer Cu-Dotierung auf die elektromechanischen Eigenschaften werden von der Art der Punktdefekte kontrolliert.

Überschreitet der Kupfergehalt die Löslichkeitsgrenze, bilden sich Sekundärphasen in der Keramik. Alkali Polyniobate und Verbindungen aus dem quaternären (K_2O-Na_2O-Nb_2O_5-CuO) System können sich in Abhängigkeit von der Stöchiometrie und den Prozessparametern bilden. Bei hohem Kupfergehalt müssen zusätzlich zu dem in der Perowskitstruktur eingebauten Kupfer die Effekte der Bildung von Sekundärphasen auf den Herstellungsprozess und auf die Eigenschaften der Keramik analysiert werden. Somit umfasst die Methode zur Analyse des Einflusses eines Dotierstoffs, die in dieser Dissertation vorgestellt wird, die Berücksichtigung der Wirkung der Gitterdefekte, der Sekundärphasenbildung und ihren Zusammenhang mit dem A/B Verhältnis. Die Vorgehensweise wird anhand von kupferdotiertem KNN dargestellt, da in der Literatur gezeigt wurde, dass mit Kupfer eine bessere Verdichtung und erhöhte elektromechanische Eigenschaften erreicht werden können [Par08]. Produktdemonstratoren aus dieser Keramik wie Ultraschallmotoren wurden schon entwickelt [Li08]. Die Vorstellung dieser Charakteristiken und deren Zusammenhänge werden wie folgt organisiert: Zunächst werden das Herstellungsverfahren, das Sinterverhalten und die Mikrostrukturbildung von undotiertem KNN mit verschiedenen A/B Verhältnissen gezeigt. Danach wird KNN mit einer niedrigen Menge an Kupfer dotiert, wobei besonders der Einfluss dieser Dotierung auf das Sinterverhalten und die Mikrostrukturbildung im Vergleich mit undotiertem KNN betrachtet wird. Abschließend wird Niob-reiches KNN mit Kupfergehalten über der Löslichkeitsgrenze synthetisiert, um die Sekundärphasenbildung und deren Einfluss auf die dielektrischen und ferroelektrischen Eigenschaften zu analysieren. Keramiken, die ähnlich zu den im Niob-reichen KNN auftretenden Sekundärphasen sind, werden in Bezug auf ihre Strukturbildung, Sinterverhalten, Mikrostrukturbildung und teilweise ihre elektrischen Eigenschaften untersucht. Die Auswirkungen von hohen Dotierungsgehalten werden anhand von 2 mol% Cu dotierten KNN Zusammensetzungen mit vier verschiedenen A/B-Verhältnissen untersucht und diskutiert. Danach werden in einer einem Phasendiagramm ähnlichen Darstellung, die Bildung von Sekundärphasen und die Verschiebung der A/B Verhältnisse in der KNN Matrix der KNN-Cu Keramiken in Abhängigkeit vom nominellen A/B Verhältnis und dem Cu-Dotierungsgehalt dargestellt. In dieser Dissertation werden diese verschiedenen Aspekte diskutiert und in Zusammenhang gebracht.

2. Grundlagen zu KNN

KNN besitzt, ähnlich zu PZT, eine Perowskitstruktur (Abb. 2.1) mit Ionenradien von $r(K^+)= 1,60$ Å und $r(Na^+)= 1,32$Å, für die A-Platz Kationen; das B-Platz Kation hat einen Ionenradius von $r(Nb^{5+})= 0,64$Å und Sauerstoff 1,40Å.

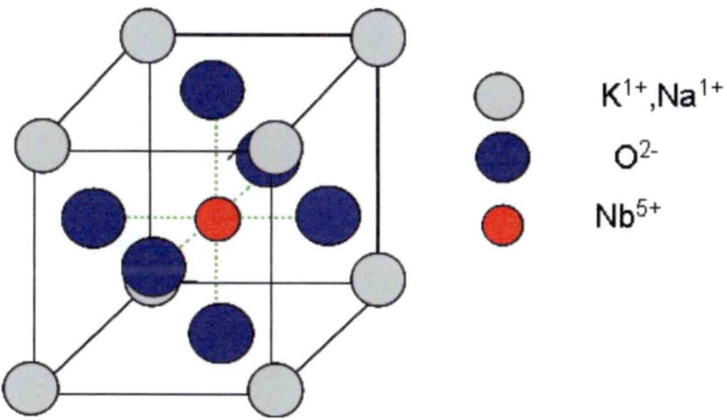

Abb. 2.1: Perowskitstruktur von KNN

In undotierten $KNbO_3$ und $NaNbO_3$ betragen die Bildungsenergien für A-Platz Leerstellen ca. 0,5eV. Leerstellen auf dem B-Platz haben höhere Bildungsenergien, mit Werten zwischen 7,23ev im $NaNbO_3$ und 7,62eV im $KNbO_3$ [Shi04], [Shi05]. Der Ionenradius von Kupfer (8-koordiniert) liegt bei 0,73 Å, also zwischen den regulären A- und B-Platz Kationen. Die Form der Substitution von Cu in KNN sowie deren Auswirkungen werden in Abschnitt 5.2 ausführlich diskutiert.

Ähnlich zu anderen Werkstoffen mit Perowskitstruktur, wie $BaTiO_3$ und PZT, weist KNN unterhalb der Curietemperatur Piezoelektrizität auf. Der direkte Piezoeffekt wurde im Jahr 1880 von den Brüdern Pierre und Jacques Curie entdeckt [Cur80]. Bei mechanischer Verformung von Turmalinkristallen (Silikatkristalle) entstanden elektrische Ladungen auf der Kristalloberfläche. Der auf thermodynamischen Berechnungen basierenden Vorhersage von Gabriel Lippmann [Lip81] folgend, wurde der indirekte Piezoeffekt von den Brüdern Curie im 1881 entdeckt [Cur81]. Bei Anlegen eines elektrischen Feld dehnt sich der Festkörper in Feldrichtung aus. KNN ist piezoelektrisch und dazu noch ferroelektrisch mit einer Curietemperatur von etwa 409°C [Tel09]. Die spontane Polarisation in KNN beruht dabei vermutlich auf einer kooperativen Verschiebung der Alkali- und der Niob-Atome [Ghi05]. Beim Übergang vom paraelektrischen zur ferroelektrischen Zustand bilden sich in dem Material innerhalb eines Korns Bereiche mit gleicher Orientierung der spontanen Polarisation aus. Diese Bereiche werden als Domänen bezeichnet. Bei Anlegen eines elektrischen Feldes kommt es durch die Ausrichtung der Domänen in Feldrichtung zu einer makroskopischen Polarisation. Unter bipolarer Zyklierung bei hohen elektrischen Feldstärken wird die Polungsrichtung im Material umgeschaltet und als Folge bildet die Kurve der Polarisation P als Funktion des elektrischen Feldes E eine Hysterese (Abb. 2.2a). Das Anlegen eines elektrischen Feldes in Polungsrichtung führt zu einer Dehnung jeder Gitterzelle, was eine makroskopische Dehnung der Keramik zur Folge hat. Diese Dehnung S ist abhängig von dem angelegten elektrischen Feld E (Abb. 2.2b). Die Dehnung in der Polarisationsrichtung wird üblicherweise in Form eines Dehnungskoeffizienten $d_{33}^* = S/E$ in pm/V angegeben.

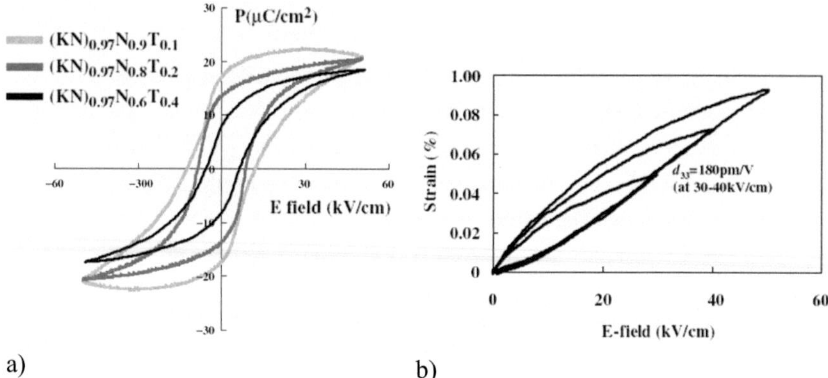

Abb. 2.2: a) Polarisationskurve als Funktion des elektrischen Feldes [Mat05] und b) Unipolare Dehnung [Mat04].

2.1. Phasendiagramme

2.1.1. Phasendiagramm $KNbO_3$ – $NaNbO_3$

Das Phasendiagramm von $KNbO_3$ – $NaNbO_3$ wurde 1971 von Jaffe et al. durch die Zusammenstellung der Ergebnisse von mehreren Forschungsgruppen veröffentlicht (Abb. 2.3) [Jaf71]. $K_{1-x}Na_xNbO_3$ ist für x bis 98 mol% (geringe Substitution von Kalium auf dem Natrium Platz) ferroelektrisch und weist bei Raumtemperatur bei 17,5 mol%, 32,5 mol% und 47,5 mol% Kaliumniobat Phasengrenzen zwischen verschiedenen Typen der orthorhombischen Perowskitstrukturen auf.

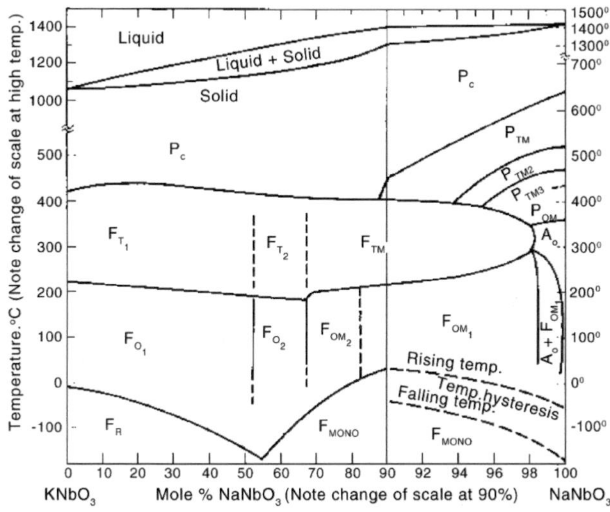

Abb. 2.3: Phasendiagramm $KNbO_3$ – $NaNbO_3$. Ab 90% $NaNbO_3$ ändert sich die Skala [Jaf71].

Diese Phasengrenzen sind annähernd temperaturunabhängig. Für x<0,90 bleiben die Temperaturen der Phasenübergänge von der orthorhombischen zur tetragonalen Modifikation bei ungefähr 200°C und etwas über 400°C geht die tetragonale Phase in die paraelektrische kubische Modifikation über (Curietemperatur), wobei nur eine relativ geringfügige Abhängigkeit von der Zusammensetzung besteht [Röd09]. Deutlichere Unterschiede zwischen den Zusammensetzungen bestehen in Bezug auf die Übergangstemperaturen zur Schmelze. $KNbO_3$ schmilzt inkongruent bei 1039°C [Rei55] und $NaNbO_3$ schmilzt kongruent bei 1422°C [Rei58], siehe Kap. 2.1.2. $K_{1-x}Na_xNbO_3$ schmilzt inkongruent mit steigenden Solidus- und Liquidustemperaturen für zunehmende Natriumgehalte [Jaf71]. In $(K_{0,5}Na_{0,5})NbO_3$ tritt bei einer Temperatur von ungefähr 1140°C eine flüssige Phase auf [Jaf71]. Die Liquidustemperatur wird mit etwa 1270°C angegeben. In einer anderen Quelle wird von einem kongruenten Übergang von der Schmelze in den festen Zustand bei 1139°C berichtet [Pow71]. Die theoretische Dichte von $(K_{0,5}Na_{0,5})NbO_3$ liegt bei 4,51 g/cm^3 bei Raumtemperatur.

2.1.2. Phasendiagramme $Nb_2O_5 - K_2CO_3$ und $Nb_2O_5 - Na_2CO_3$

Die Keramik $(K_{0,5}Na_{0,5})NbO_3$ wird bei Festkörpersynthese (solid state routes) aus den Karbonaten K_2CO_3 und Na_2CO_3 und Niobpentoxid Nb_2O_5 hergestellt. Die Besetzung von den A- und B-Plätze der Perowskitstruktur kann durch die Herstellung von Materialien mit überschüssigem Alkaligehalt oder überschüssigem Niobgehalt variiert werden. Die binären Phasendiagramme der Systeme $Nb_2O_5 - K_2CO_3$, $Nb_2O_5 - Na_2CO_3$ und $KNbO_3 - NaNbO_3$ sind somit für die Herstellung der KNN Materialien bei abweichender Alkali-Niob Stöchiometrie relevant und werden in diesem Teil nur im Bezug auf diese Aspekte hin kommentiert.

$Nb_2O_5 - K_2CO_3$ System:
Das Phasendiagramm von $Nb_2O_5 - K_2CO_3$ (Abb. 2.4) wurde Mitte des 20. Jahrhunderts veröffentlicht [Rei55]. Neuere Untersuchungen für die Nb-reiche Hälfte des Phasendiagramms wurden von Irle et al. und Blachnik et al. durchgeführt [Irl91], [Bla89]. $KNbO_3$ schmilzt inkongruent bei 1039°C nach Reismann et al. [Rei55]. Ähnlich wird die Bildung einer Schmelze von Blachnik et al. [Bla89] mit einer peritektischen Reaktion, aber bei einer Temperatur von 1076°C, beschrieben. Auf der K-reichen Seite wird das Material zweiphasig, bestehend aus Schmelze und $KNbO_3$ für Temperaturen oberhalb der eutektischen Temperatur von 845°C; Unterhalb des Eutektikums bildet sich die K-reichen Phase K_3NbO_4 (äquivalent zu $3K_2O \cdot Nb_2O_5$) und $KNbO_3$. Auf der Nb-reichen Seite wird das Material auch zweiphasig, bleibt aber bis zur Schmelztemperatur von $KNbO_3$ im festen Zustand. Neben $KNbO_3$ bildet sich

die Nb-reiche Phase $K_4Nb_6O_{17}$ mit einer orthorhombischen Wolfram Bronze Struktur (äquivalent zu $2K_2O \cdot 3Nb_2O_5$), die eine Schichtstruktur besitzt und hygroskopisch ist [Gas82]. Diese Phase schmilzt kongruent bei 1163°C [Rei55] oder 1287°C [Bla89]. Je nach Niobgehalt können sich verschiedene Polyniobat-Phasen mit tetragonaler Wolfram Bronze Struktur bilden. $K_{5,75}Nb_{10,85}O_{30}$ und $K_6Nb_{10,8}O_{30}$ wurden unter anderen von Lundberg und Sundberg mittels hochauflösender Elektronmikroskopie und Pulverdiffrakto- metrie auf ihrer Struktur untersucht [Lun86]. Die theoretische Dichte von $KNbO_3$ liegt bei 4,62 g/cm³.

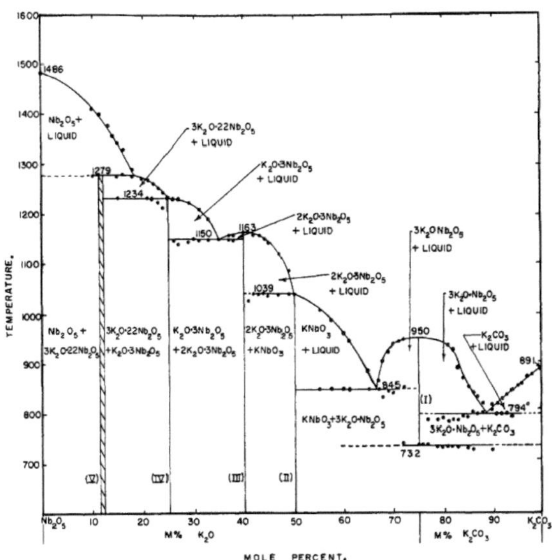

Abb. 2.4: Phasendiagramm von dem System $Nb_2O_5 - K_2CO_3$ [Rei55].

$Nb_2O_5 - Na_2CO_3$:

Reisman et al. haben auch das System $Nb_2O_5 - Na_2CO_3$ [Rei58] untersucht und daraus das Phasendiagramm abgeleitet (Abb. 2.5). Die Nb-reiche Hälfte dieses Phasendiagramms wurde später von Irle et al. [Irl91] weiter untersucht. $NaNbO_3$ schmilzt kongruent bei 1422°C [Rei58] bzw. 1425°C [Irl91]. Ähnlich zu $KNbO_3$ koexistieren oberhalb der eutektischen Temperatur von 987°C auf der Na-reichen Seite $NaNbO_3$ und Schmelze und unterhalb des Eutektikums die Phase Na_3NbO_4 ($3Na_2O \cdot Nb_2O_5$) und $NaNbO_3$. Auf der Nb-reichen Seite verhält sich das System anders als bei $KNbO_3$. Für Temperaturen oberhalb des Eutektikums (1235°C [Rei58] oder 1230°C [Irl91]) koexistieren $NaNbO_3$ und Schmelze. Unterhalb dieser Temperatur bildet sich nach Reisman et al. $NaNb_4O_6$ ($Na_2O \bullet 4Nb_2O_5$) und nach Irle et al. die weniger Nb-reiche Phase $NaNb_2O_6$. Die theoretische Dichte von $NaNbO_3$ liegt bei 4,41 g/cm³.

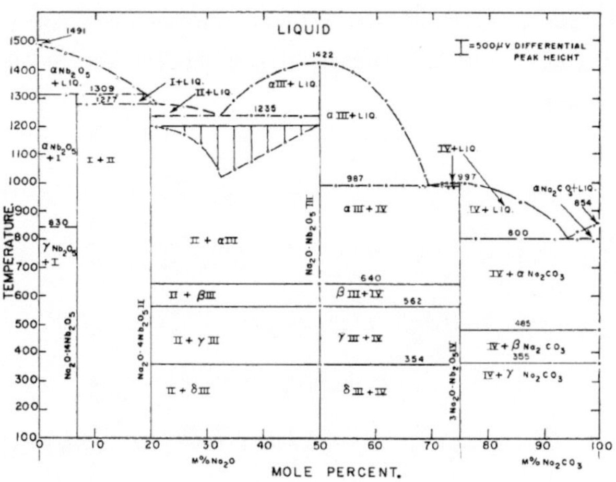

Abb. 2.5: Phasendiagramm $Nb_2O_5 - Na_2CO_3$ [Rei58].

Die Systeme $KNbO_3$-$NaNbO_3$, K_2CO_3-Nb_2O_5 und Na_2CO_3-Nb_2O_5 bleiben trotz neuer Untersuchungen noch nicht komplett beschrieben und die verschiedenen Arbeiten sind in manchen Punkten widersprüchlich. Eine für die Herstellungspraxis wichtige, von den Phasendiagrammen aber bisher ungeklärte Frage, ist in Bezug auf das Phasendiagramm $KNbO_3 - NaNbO_3$ der Übergang zur Flüssigphase für KNN-Mischkristalle. Die Art dieses Übergangs ist bei der Wahl einer geeigneten Sintertemperatur und der Beurteilung des Sinterverhaltens von Bedeutung. In Bezug auf die Phasenausbildung bei Abweichungen von einem stöchiometrischen Alkali/Niob-Verhältnis können Aussagen über die Gleichgewichtsphasen derzeit nur anhand der Phasendiagramm $Nb_2O_5 - Na_2CO_3$ und $Nb_2O_5 - K_2CO_3$ gemacht werden. Welche Polyniobate bei einer Mischkristallzusammensetzung mit K und Na entstehen können ist unklar, da in der Literatur noch kein Phasendiagramm $Nb_2O_5 - Na_2CO_3 - K_2CO_3$ verfügbar ist. Die Argumentation in dieser Arbeit stützt sich in Bezug auf das $KNbO_3 -$

NaNbO$_3$ Phasendiagramm auf die Arbeit von Jaffe et al. [Jaf71]. Die Diskussion der Bildung von Polyniobatphasen in nicht stöchiometrischem KNN ist weitgehend am Phasendiagramm Nb$_2$O$_5$ – K$_2$CO$_3$ von Reismann et al. [Rei55] orientiert.

2.2. Herstellung von KNN Keramiken

Keramiken basierend auf dem Kalium-Natrium-Niobat System werden seit der Mitte des 20. Jahrhunderts untersucht [Jaf71], [Ege59]. Das hygroskopische Verhalten der Alkalikarbonate und die Alkaliverdampfung während des Sinterns wurden schon in den frühen Forschungsarbeiten als zentrale Frage bei der Herstellung identifiziert [Ege59], [Kos75], [Mae02], [Jen03], [Mal03], [Hol07]. Andere Herstellungsverfahren von KNN Pulver wurden auch untersucht. So wurde KNN aus den Ausgangsstoffen Kalium Niobat und Natrium Niobat Pulver hergestellt [Tel09], [Mal08b], um das Kalzinationsverhalten, die Homogenität zu begünstigen und damit die Bildung von Sekundärphasen zu verhindern [Tel09]. Die aus der Feuchtigkeitsempfindlichkeit resultierenden Probleme werden bei der Herstellung über dieses Verfahren jedoch nur auf den Herstellungsprozess von KNbO$_3$ und NaNbO$_3$ verlagert. Um die Feuchteempfindlichkeit zu umgehen, wurde eine KNN-Synthese aus organischem Kalium Natrium Tartrat Tetrahydrat vorgeschlagen [Mal05], [Fis09]. Dieses Verfahren ist allerdings aufgrund der hohen Preise der Ausgangsstoffe nicht wirtschaftlich. Beim Mischoxidverfahren wurden Kalzinierungstemperaturen über 800°C oder sogar eine Doppelkalzination angewendet [Hol07], um ein stöchiometrisches KNN mit einer homogenen Perowskitstruktur zu erhalten.

Auch die Verdichtung beim Sintern von KNN ist schwierig. Unter atmosphärische Bedingungen kann KNN bis zu Dichten von 3,9 bis 4,3 g/cm^3 (theoretische Dichte von KNN: 4,51 g/cm^3) gesintert werden [Ege59], [Kos75], [Bir06], [Mae04], [Jen05], [Zuo06]. Höhere Dichten können durch Heißpressen oder Spark Plasma Sintern (SPS) erreicht werden [Jae62], [Wan04], [Zha06]. Wenn diese Herstellungsprozesse mit einer kohlenstoffhaltigen Pressmatrize und -stempel durchgeführt werden, wird KNN reduziert, wodurch Sauerstoffleerstellen gebildet werden, die zu einer erhöhten elektrischen Leitfähigkeit führen. Die Sauerstoffleerstellen können durch eine geeignete Oxidation der Probe beseitigt werden [Wan08]. Jedoch haben die mit SPS hergestellten KNN Proben durch die kurzen Prozesszeiten (Rate von 100°C/min. und Haltezeit von 5min.) und niedrigen Sintertemperaturen (920°C) eine sehr feinkörnige Mikrostruktur (Korngrösse unter 500nm) [Wan08], die sich negativ auf den piezoelektrischen Eigenschaften auswirken kann. Aus Kostengründen sollte das Sinterverfahren für industrielle Anwendungen unter atmosphärischen Bedingungen durchgeführt werden. Die Gasumgebung [Sta68] und der Feuchtegehalt [Flü77] während des Sinterns beeinflussen die Alkaliverdampfung bei hohen Temperaturen und wirken sich deshalb auch auf die Mikrostrukturbildung aus [Fis09]. Beide Einflussfaktoren können zur Änderung der Stöchiometrie, insbesondere an den Korngrenzen [Zhe07] oder sogar zur Bildung von Sekundärphasen führen [Wan07]. Die Alkali-Anreicherung der Sinteratmosphäre durch ein Pulverbett kann die Alkaliverdampfung vermindern oder stabilisieren [Hol07], [Sta68], [Zhe07], [Zhe06], erfordet aber zusätzlich zum Material für die Probenherstellung noch Pulver für das Pulverbett. Ein wichtiger Ansatz zur Verbesserung des Verdichtungsverhaltens ist die Beeinflussung der Leerstellen in KNN durch Verwendung nichtstöchiometrischer Zusammensetzungen gemäß dem Vorschlag von Kosec et al. [Kos75]. Durch Einbringung von B-Platz Überschuss und die damit verbundene Bildung von A-Platz Leerstellen kann das Sintern unter atmosphärische Bedingungen durch erhöhte Diffusion effizienter gemacht werden. Die Dichte von KNN konnte damit von 3,90 g/ cm³ für eine stöchiometrische Zusammensetzung auf 4,19 g/cm³ erhöht werden, für ein mit 1 Masse-% B-Platzüberschuss eingewogenen KNN [Kos75]. Diese Methode wurde von einer Gruppe an den Penn State University erfolgreich an der Zusammensetzung $(K_{0,44}Na_{0,52}Li_{0,04})(Nb_{0,86}Ta_{0,10}Sb_{0,04})O_3$ [Sai04], [Sai06] angewandt, was zu der Zusammensetzung $(K_{0,44}Na_{0,52}Li_{0,04})_{0,998}(Nb_{0,84}Ta_{0,10}Sb_{0,06})O_3$ führte. Das A/B Verhältnis scheint somit einerseits ein wichtiger Parameter zur Kontrolle des Verdichtungsprozess und der Mikrostrukturbildung zu sein und kann andererseits eine wichtige Rolle beim Mikrostrukturengineering spielen [Ahn09], [Kos10].

2.3. Cu-Dotierung von KNN

Trotz der Fortschritte bei der Präparation von undotiertem KNN zielen aktuelle Forschungsarbeiten auf die Verbesserung des Werkstoffes durch Dotierung.

Die Stabilisierung des Herstellungsverfahrens, die Verbesserung des Verdichtungsverhaltens und die Erhöhung der elektromechanischen Eigenschaften sind die Hauptziele der Dotierung. Kupfer wurde in der letzten Zeit als Dotierstoff in KNN und auch in Materialien aus dem mit Li, Ta und Sb-modifizierten KNN-System verwendet. Dabei wurden unterschiedliche Arten der Dotierung mit Kupfer und verschiedenartige daraus folgende Effekten beobachtet. Umfangreiche Ergebnisse über mehrere Typen von Dotierung mit Kupfer in KNN-basierten Keramiken wurden von Matsubara et al. veröffentlicht [Mat04], [Mat05], [Mat05a], [Mat05b]. Der Einfluss von Dotierung, Stöchiometrie und Bildung von Sekundärphasen wurde von Matsubara et al. für Cu-dotiertes KNN mit Alkali- oder Niobüberschuss angedeutet. Die Dotierung mit Kupfer in stöchiometrischem KNN kann unter dem Einfluss von Feuchtigkeit zum Zerfallen der Keramik führen. Wenn sich hingegen, wie im Fall von Nb-reichen Cu-dotiertem KNN die Sekundärphase $K_4CuNb_8O_{23}$ bildet, bleibt die Keramik stabil. Matsubara et al. schlagen vor, Kupfer im Form der Verbindungen $K_4CuNb_8O_{23}$ oder $K_{5,4}Cu_{1,3}Ta_{10}O_{29}$ nach der Kalzination zu zugeben, um die Eigenschaften von KNN gezielt zu verbessern. Da die Sekundärphase als Sinterhilfsmittel in KNN wirkt, konnte die Bildung von Sekundärphasen nicht untersucht werden. Die Zugabe von 0,2 bis 0,5 mol% $K_4CuNb_8O_{23}$ führt zu einer optimalen Sintertemperatur von 1090°C [Mat04], [Mat05]. Die resultierende Mikrostruktur besteht aus großen Körner (bis 50μm) mit intragranularer Porosität, was auf abnormales Kornwachstum hindeutet. Dazu wurden hohe Dehnungen von $d_{33}*$ = 180 pm/V und mechanische Qualitätsfaktoren von Qm = 1200 erreicht.

Andere Arbeiten konzentrieren sich auf die Dotierung mit Cu vor der Kalzinierung. Wenn bis zu 3 mol% CuO in KNN hingegeben werden, kann KNN bei niedrigen Temperaturen (960°C statt typischerweise über 1050°C) gesintert werden, wobei Enddichten von 92% relativen Dichte erreicht werden [Par08]. Dazu nehmen die Korngröße (ca. 3μm statt ca. 0,4μm) und auch der mechanische Qualitätsfaktor Qm (844 statt ca. 100) für Cu-dotiertes KNN zu. Die Bildung von einer Sekundärphase wurde ab 1,5 mol% Kupferdotierung festgestellt und aus Korngröße, Kornform und der anwesenden Sekundärphase wurde abgeleitet, dass die Bildung einer flüssigen Sekundärphase die Ursache für die erhöhte Verdichtung ist. Die Entwicklung der elektromechanischen Eigenschaften wurde auf die Bildung von aus Cu^{2+} Kationen (Ionenradius $r(Cu^{2+})=$ 0,73 Å) und Sauerstoff-Leerstellen gebildeten Defektdipolen zurückgeführt, ohne dass indes die Bildung der Dipole direkt experimentell nachgewiesen wurde [Par08]. Bei der Analyse des Polarisationsverhaltens von Cu-dotiertem KNN bei hohem elektrischen Feld haben Ahn et al. festgestellt, dass ein verbessertes Polarisationsverhalten, das zu einer rechteckig geformte Kurve der Polarisation in Abhängigkeit mit dem elektrischen Feld (P-E Kurve) führt, besonders für 1,5 mol% CuO Zugabe mit der verbesserte Verdichtung korreliert werden kann [Ahn08]. Im Gegensatz dazu wurden von Lin et al. [Lin08] für Cu-dotiertes bei steigendem Kupfergehalt Polarisationskurven mit Einschnürung bei niedrigem elektrischen Feld, die zu einer doppelten Schleife (double loop) führen, gemessen. Dieses Verhalten wurde auf die Bildung von Dipolen zurückgeführt. Ähnliche Einschnürungen der Polarisationskurve wurde auch bei KNN mit $K_{5,4}Cu_{1,3}Ta_{10}O_{29}$ als Additiv gemessen [Lin08]. Bei einer Cu-Dotierung der piezoelektrisch hocheffektiven Zusammensetzung $(Li_{0,04}Na_{0,44}K_{0,52})(Nb_{0,86}Ta_{0,10}Sb_{0,04})O_3$ wurden härtere piezoelektrische Eigenschaften mit steigendem Kupfergehalt gefunden [Li07]. Die Möglichkeit einer Substitution von Kupfer auf dem A-Platz bei niedrigem Kupfergehalt und auf dem B-Platz bei höherem Kupfergehalt wurde von Li et al. [Li07] und A-zough et al. [Azo11] vorgeschlagen. Dazu wurde die Sekundärphase $K_4CuNb_8O_{23}$ in dieser Keramik detektiert. Zunehmendes Kornwachstum bei Kupferdotierung wurde auch von Zuo et al. in einer $(Na_{0,5}K_{0,5})_{0,96}Li_{0,04}(Ta_{0,1}Nb_{0,9})_{1-x}Cu_xO_{3-3x/2}$ Keramik beobachtet [Zuo08]. Diese Zusammensetzung weist ein weiches piezoelektrisches Verhalten für niedrige Kupfergehalte (<0,25 mol% Cu) und ein hartes piezoelektrisches Verhalten für hohe Kupfergehalte auf. Trotz der harten piezoelektrischen Eigenschaften nimmt der Verlust $tan\delta$ für höhere Kupfergehalte zu, was auf die Anwesenheit von Kupferkationen mit verschiedenen Ladungszuständen hinweist [Zuo08].

Die zahlreichen Arbeiten in der Literatur zeigen eine starke Abhängigkeit der Eigenschaften von KNN-Cu Keramiken von der genauen Zusammensetzung, aber auch dem Herstellungsverfahren. Unabhängig von den jeweiligen Eigenheiten dieser Materialien wird meist berichtet, dass der mechanische Qualitätsfaktor Qm für Cu-dotiertes KNN hohe Werte erreicht [Lim10]. Diese Eigenschaft könnte zur Anwendung von KNN-Cu in spezifischen Feldern führen [Dam10]. So wurde über die Herstellung eines Prototyps für einen Ultraschallmotor in Schermodus berichtet, wobei Li- und Cu-dotiertes KNN eingesetzt wurde [Li08], [Li09]. Außerdem scheint eine Kupferzugabe sowohl für die Herstellung [Fis08], [Kos10], [Ahn09] als auch für die Texturierung der Mikrostruktur von KNN Keramik als Sinterhilfsmittel in Form einer flüssigen Phase [Tak06] von Bedeutung zu sein. Allgemein resultieren die Eigenschaften von Cu-dotiertem KNN aus der Kombination von direkten Effekten der Kupfersubstitution in der KNN Gitterstruktur, der Bildung von Sekundärphasen und der Verschiebung des A/B Verhältnisses.

3. Experimentelle Durchführung

In dieser Arbeit wurden undotierte und Cu-dotierte KNN Keramiken hergestellt und untersucht. Basierend auf der stöchiometrischen Zusammensetzung
$(K_{0,5}Na_{0,5})NbO_3$, wurde bei undotiertem KNN und KNN mit 0.25mol% Cu
das Alkali/Niob Verhältnis variiert. Für Niob-reiche Materialien wurden Zusammensetzungen mit verschiedenem Kupfergehalt hergestellt. Die Pulver
werden hinsichtlich ihrer Partikelgrösse und ihre Struktur charakterisiert. Das
Sinterverhalten wird mittels Dilatometerversuchen sowie anhand von Sinter-
experimenten bei unterschiedlichen Temperaturen und Haltezeiten untersucht.
Die gesinterten Keramiken wurden in Bezug auf die Dichte, die Struktur, die
Mikrostruktur sowie die dielektrischen und piezoelektrischen Eigenschaften in
Abhängigkeit von den Sinterbedingungen analysiert.

3.1. Pulverherstellung

Als Ausgangsmaterial für die Pulverherstellung wurden K_2CO_3 (Chempur,
Karlsruhe, Deutschland, 99,99%), Na_2CO_3 (Chempur, Karlsruhe, Deutschland,
99,995%), Nb_2O_5 (Alfa Aesar GmbH & Co KG, Karlsruhe, Deutschland,
99,9985%) und als Dotierung CuO (Merck KGaA, Darmstadt, Deutschland,
99,0%) verwendet. Hoch reine Carbonate und Nioboxid waren erforderlich,
um den Einfluss von Verunreinigungen gering zu halten und damit die Wirkung von niedrigen Dotierungsgehalten untersuchen zu können. So war es
möglich erst undotiertes KNN herzustellen und dieses dann mit leicht dotiertem KNN zu vergleichen, um den Einfluss von Kupfer zu untersuchen. Um
eine möglichst präzise Einwaage zu realisieren, wurden, da die Ausgangspulver Feuchtigkeit enthalten, zunächst Ausheizversuche durchgeführt, um den
Wassergehalt der Rohstoffe zu ermitteln. Dazu wurden jeweils ungefähr 2g des
ungetrockneten K_2CO_3, Na_2CO_3 und Nb_2O_5 in Gläser eingewogen und dann
bei 200°C im Vakuum für 20 Stunden getrocknet. Nach der Trocknung wurde
noch im warmen Zustand die trockene Masse ermittelt. Aus dem Vergleich
zwischen ungetrockneter und getrockneter Einwaage wurde ein Korrekturfak-
tor für die Einwaage der Rohstoffe berechnet.

Die Pulver wurden im Mischoxidverfahren hergestellt. Die Rohmaterialen wurden im Attritor mit $1000min^{-1}$ für 4 Stunden in 2-Propanol homogenisiert und gemahlen. Zirkonoxidkugeln mit 2mm Durchmesser (YTZ, Tosoh Corporation, Tokio, Japan) wurden als Mahlkörper verwendet; die Becher und Rührer bestanden aus Polyamid. Die Suspension (Pulver + 2-Propanol) wurde von den Mahlkugeln durch das Absaugen des Schlickers durch ein Sieb getrennt. Das 2-Propanol der Suspension wurde in einem Rotationsverdampfer verdampft und das Pulver anschließend unter Vakuum bei ca. 65°C für die Dauer von 2 Tagen getrocknet. Danach erfolgte das Sieben durch ein vibrierendes Sieb mit 180µm Maschenweite. Das Pulver bestand in diesem Zustand aus einer homogenen Mischung aus Carbonaten und Oxiden. Durch die Kalzination dieses Pulvers muss aus den Rohstoffen eine Perowskitstruktur gebildet werden, bevor die Materialien weiter verarbeitet werden können:

$$0,25K_2CO_3 + 0,25Na_2CO_3 + 0,5Nb_2O_5 \longrightarrow (K_{0,5}Na_{0,5})NbO_3 + 0,5CO_2$$

Während dieser chemischen Reaktion bilden sich die Verbindung KNN (hier in der stöchiometrischen Form als Beispiel) und Kohlendioxid. Die Kalzination wurde in abgedeckten Al_2O_3 Tiegeln an Luft bei 775°C für 5 Stunden mit 10°C/min als Aufheiz- und Abkühlrate durchgeführt. Da sich während dieses Prozess Agglomerate bilden, wurde das Pulver anschließend in einer Planetenkugelmühle mit Zirkonoxidmahlkugeln (10mm) und 2-Propanol gemahlen und danach im Rotationsverdampfer und anschließend 2 Tage im Trockenschrank (Vakuum, 65°C) getrocknet. Als letzter Schritt wurde das Pulver wiederum gesiebt.

Zur Kontrolle des vollständigen Reaktionsablaufs wurde der Masseverlust bei der Kalzination mit dem erwarten Verlust durch Kohlendioxidabdampfung verglichen. Bei allen Kalzinierungen wurden Masseverluste zwischen 11,3 und 11,8% gefunden, was auf eine komplette Zersetzung der Karbonate hindeutet. Die Homogenität der Perowskitbildung wurde durch Röntgendiffraktometrie untersucht, da sich teilweise vor dem Perowskit der KNN Keramik erst $KNbO_3$ und $NaNbO_3$ Verbindungen bilden. Die Partikelgrösse wurde mittels Laserbeugung (Cilas 1064) und die spezifische Oberfläche mittels BET (Quantachrome Nova 2000e) charakterisiert, da diese Eigenschaften auf das Sinterverhalten und Kornwachstum einen starken Einfluss haben können.

3.2. Probenherstellung

Die Grünkörper für das drucklose Sintern (2,0g) und die Dilatometerversuche (1,6g) wurden in Stahlmatrizen mit 12mm bzw. 10mm Durchmesser uniaxial bei einer Kraft von ungefähr 1kN vorgepresst und anschließend in einer kalt isostatischen Presse bei einem Druck von 400MPa für 30s gepresst. Dieses Pressverfahren führt zu Gründichten knapp unter $3g/cm^3$ für die stöchiometrische Zusammensetzung und für das Nb-reiche KNN. Das A-Platz reiche KNN betrugen die Gründichten 3,20 bis 3,36 g/cm^3. Die Gründichte der Proben für Dilatometermessungen und für Sinterversuche sind gleich (Tab. 3.1). Die Grünköper wurden für mindestens einen Tag im Vakuum bei 100°C gelagert, und erst kurz vor ihrer Sinterung aus dem Trockenschrank entnommen, um die Probe möglichst trocken zu halten.

Proben Zusammensetzung	2 mol% A-Üb.	Stöchiometrisch	0,5 mol% B-Üb.	2 mol% B-Üb.
Dilatometer [g/cm³]	3,35	2,93	2,90	2,93
Sintern [g/cm³]	3,20 – 3,36	2,86 – 2,99	2,82 – 2,95	2,80 – 2,95

Tabelle 3.1: Vergleich der Gründichten zwischen Dilatometerproben und Proben für Sinterexperimente am Beispiel von undotiertem KNN.

3.3. Dilatometermessungen

Die Dilatometermessungen wurden in einem Schubstangendilatometer (Netzsch 402 E/7) an Luft durchgeführt. Die Versuche wurden mit konstanten Heiz- und Kühlraten von 5°C/min und mit maximalen Temperaturen zwischen 1080°C bis 1150°C durchgeführt. Die maximale Temperatur musste je nach Zusammensetzung angepasst werden, damit einerseits eine möglichst hohe Schwindung erreicht wird, anderseits sollte eine zu hohe Verdampfung der Alkalimetalle vermieden werden. Eine zu hohe Temperatur kann auch zum Schmelzen der Probe und, als Folge, zur Schädigung der Apparatur führen.

Dies war besonders bei den Proben mit Alkaliüberschuss zu berücksichtigen. Zur Korrektur der Messdaten wurde für jedes Programm (Temperatur) die thermische Ausdehnung eines Saphirs gemessen. Diese Daten erlaubten aus den Sinterversuchen die Einflüsse des Messsystems herauszurechnen. Aus den Kurven der Schwindungsrate wurde die Temperatur der maximalen Schwindungsrate T_{Smax} sowie die Temperaturen des Sinterbeginns T_0 und des Sinterendes T_f abgelesen. Als maßgeblich für diese zwei Temperaturen wurde jeweils die Überschreitung einer Schwindungsrate von -0,01%/°C definiert. Der Temperaturbereich des Sinterns entspricht dem Wert $\Delta Ts = T_f - T_0$.

Durch diese Experimente wurden die Einflüsse von Alkali- oder Niobüberschuss im Vergleich zur stöchiometrischen Zusammensetzung und von einer Kupferdotierung auf die Schwindung und die Schwindungsrate analysiert.

3.4. Sintern, Dichtemessung und Masseverluste

Die Grünkörper wurden an Luft bei verschiedenen Temperaturen bis maximal 1105°C und Haltezeiten bis zu 16 Stunden (typisch 2 Stunden) gesintert. Die Heiz- und Kühlraten betrugen 3°C/min. Ziel des Sinterns war es, vergleichbare Zusammensetzungen bei den gleichen Parametern zu sintern, um durch die anschließende Charakterisierung die Einflüsse von Alkali- oder Niobüberschuss und einer Kupferdotierung näher zu untersuchen. Die Dichten der gesinterten Proben wurde durch die Archimedes′ Methode bestimmt. Als Flüssigkeit wurde kein Wasser sondern Isopropanol (2-Propanol) verwendet, da KNN hygroskopisch ist. Nachdem die „trockene" Masse m_{tr} der Proben bestimmt wurde, wurden die Proben mit Isopropanol unter Vakuum (<100mbar) infiltriert und die Masse der Proben in Isopropanol ($\rho_{IP} = 0,778$ g/cm³) m_{IP} gemessen. Anschließend wurde die „feuchte" Masse m_{fe} bei ausgewaschenen Proben bestimmt. Die Dichte wurde dann gemäß $\rho = [m_{tr}/(m_{IP} - m_{fe})] . \rho_{IP}$ berechnet. Danach wurden die Proben bis zur Präparation oder weiteren Nutzung in einem Trockenschrank ausgelagert. Da nur niedrige Dotierungsgehalte an Cu (bis 2 mol%) untersucht wurden und die relativ geringen Sekundärphasenanteile nicht quantifizierbar waren, wurden alle Angaben zu relativen Dichten auf die theoretische Dichte von undotiertem, stöchiometrischem KNN ($\rho = 4,51$ g/cm³) bezogen.

3.5. Berechnungen zum Einfluss der Masseverluste auf die Stöchiometrie

Bei der Sinterung von KNN Keramiken treten in Folge von Alkali-Verdampfung teilweise erhebliche Masseverluste auf. Da die Alkali-Verdampfung zu einer Veränderung der Stöchiometrie während der Sinterung führt, wurden Berechnungen zum Einfluss der Masseverluste auf die Stöchiometrie vorgenommen. Zusätzliche Masseverluste können dabei aus Abrieb von Kunststoff aus dem Mahlbehälter bei der Mahlung nach dem Kalzinieren und durch verbleibende Feuchtigkeit in den Grünkörpern resultieren. Da die aus diesen zwei Aspekten resultierenden Mengen unbekannt bleiben, wird für die Berechnungen angenommen, dass der gesamte Masseverlust auf Alkaliabdampfung zurückzuführen ist. In der Realität besteht die Alkaliabdampfung aus K_2O und Na_2O, wobei jedoch die Aufteilung zwischen diesen zwei Alkalioxiden in Bezug auf den gesamten Alkaliverlust unbekannt bleibt. Die Berechnungen wurden daher für die zwei Grenzfälle ausgearbeitet: die Masseverluste bestehen entweder nur aus K_2O oder nur aus Na_2O. Die Ergebnisse der Berechnungen sind in Abbildung 3.1 dargestellt.

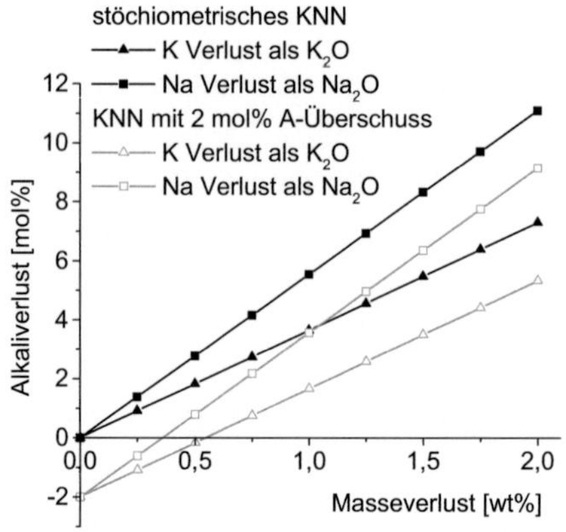

a)

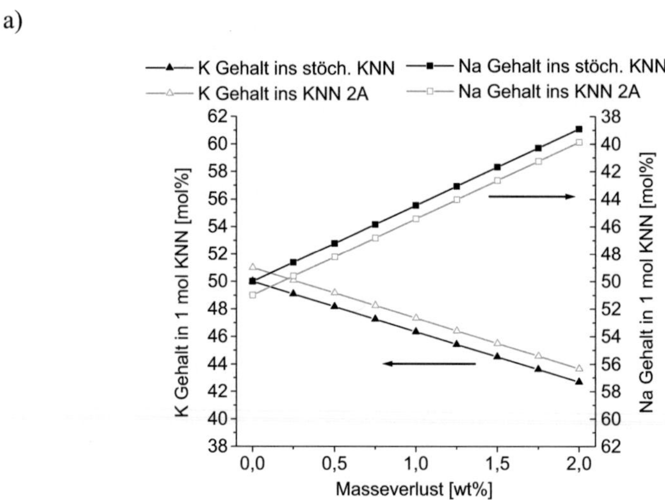

b)

Abb. 3.1: Berechnungen zu den Auswirkungen der Masseverluste auf die A/B Stöchiometrie und das Na/K Verhältnis

Relativ geringe Masseverluste entsprechen dabei relativ hohen Verlusten an Mol Alkali Atomen, da die Atommassen der Alkaliatome im Vergleich zu der Molmasse von KNN gering sind. Bei gegebenem Masseverlust sind die Effekte auf die A/B Stöchiometrie am stärksten, wenn ausschließlich Natrium abdampft. In Zusammenhang mit der Frage ob vorzugsweise Natrium oder Kalium abdampft ist weiterhin zu beachten, dass die Abdampfung nur einer Alkali Spezies auch eine Verschiebung der Mischkristallzusammensetzung bewirkt. Ergebnisse entsprechenden Berechnungen zu den Auswirkungen auf das Na/K-Verhältnis werden in Abbildung 3.1 gezeigt. Eine genaue Beschreibung und Diskussion der Masseverluste findet in Kap. 5.1.2.3 statt.

3.6. Röntgendiffraktometrie und Präparation

Die kalzinierten Pulver und die gesinterten Proben wurden mittels eines Diffaktometers (Siemens D500 mit automatischem Probenwechsler) mit CuKα Strahlung (λ=1,5413Å) im Winkelbereich von 15° bis 90° 2θ mit einer Schrittweite $\Delta 2\theta = 0.02°$ und einer Messzeit von t = 10s pro Winkellage geröntgt. Die Pulver wurden gepresst, so dass eine flache Probenoberfläche gemessen wird. Die gesinterten Proben wurden erst mit einer Säge unter Verwendung eines ölbasierten Kühlmittels halbiert: Dann wurde eine „innere" Fläche mit 4000er SiC Schleifpapier und wasserfreier Schleiflösung (ATM GmbH, Mammelzen, Deutschland) poliert. Die Röntgenbeugung wurde im Winkelbereich von 2θ = 15° bis 90° mit einer Schrittweite von 0,02° und 12s Messzeit pro Messpunkt gemessen. Die Zielsetzung dieser Messungen war darauf beschränkt, die Bildung der Perowskitstruktur zu prüfen und diejenigen Winkelbereiche zu identifizieren in denen Reflexe von Sekundärphasen vorhanden sind. Da die Sekundärphasen nur in geringen Mengen auftreten, sind die Reflexintensitäten dieser Phasen relativ gering. Im Vergleich zu den maximalen Perowskitreflexen (110), sind die integralen Intensitäten der höchsten Sekundärphasenreflexe um 2 Größenordnungen kleiner. Für die Analyse der Sekundärphasen wurden daher zusätzliche Messungen über einen reduzierten Winkelbereich 2θ = 15° bis 35° mit einer um den Faktor 6 erhöhten Messzeit pro Winkellage durchgeführt. Die Problematik bei der Identifikation der Sekundärphasen besteht zum einen darin, dass verschiedene Polyniobatphasen sehr ähnliche Reflexlagen hinsichtlich der Hauptreflexe aufweisen, zum anderen in der unbekannten Mischkristallzusammensetzung der in den Materialien auftretenden Sekundärphasen in Bezug auf ihr K/Na Verhältnis. Da Referenzdiffraktogramme nur für die reinen Kaliumpolyniobate existieren, in den realen Materialien jedoch vermutlich auch Mischkristallpolyniobate mit Na gebildet werden, wurde von einer Analyse der genauen Reflexlagen abgesehen. Auch die relativen Intensitäten der Sekundärphasenreflexe können wegen des geringen Signals zu Rausch Verhältnisses nur sehr bedingt für eine Argumentation herangezogen werden. Die Argumente zur Identifikation der Sekundärphasen basieren daher im Wesentlichen auf der Präsenz der hauptsächlichen Reflexe der verschiedenen Sekundärphasen. Für eine weiterführende Untersuchung des Sekundärphasenbestandes wäre eine Rietveld Analyse der Diffraktogramme erforderlich.

Hinsichtlich ihrer Hauptreflexe können bei den Sekundärphasen zwei Gruppen identifiziert werden: (i) $K_4Nb_6O_{17}$ und (ii) $K_{5,75}Nb_{10,85}O_{30}$, $K_6Nb_{10,8}O_{30}$, $K_6Nb_{10,88}O_{30}$ und $K_4CuNb_8O_{23}$. Die Kriterien für eine Identifikation von zusätzlich zu den anderen Phasen vorhandenem $K_4Nb_6O_{17}$ werden anhand Abbildung 2.2 erläutert. In dieser Abbildung wird ein Diffraktogramm einer KNN-Cu (0,25 mol% Cu mit B-Platz Überschuss) Keramik, die beide Typen von Sekundärphasen enthält, zusammen mit den Referenzreflexen der Sekundärphasen $K_4Nb_6O_{17}$ und stellvertretend für die zweite Gruppe, $K_6Nb_{10,8}O_{30}$ dargestellt.

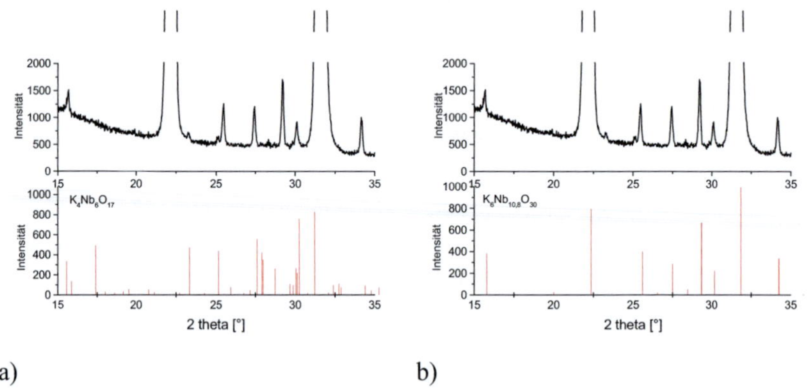

Abb. 3.2: Referenzdiffaktogramme der Sekundärphasen für 2θ von 15° bis 35°: a) $K_4Nb_6O_{17}$ (JCPDS: 76-0977) und b) $K_6Nb_{10,8}O_{30}$ (JCPDS: 70-5051), jeweils verglichen mit dem gemessenen Spektrum von KNN-025Cu mit 2% B-Platz Überschuss.

Die größten Reflexe beider Sekundärphasen treten bei 32° auf überlappen aber mit den KNN-(110) Reflexen und sind nicht in den Diffraktogrammen erkennbar. Weitere Reflexe mit relativ hoher Intensität sind im Bereich 25,5° und 29,5° bei beiden Typen von Sekundärphasen vorhanden, sodass anhand der Existenz dieser Reflexe keine Differenzierung erfolgen kann. Anhaltspunkte für die Präsenz von $K_4Nb_6O_{17}$ liefert zum einen der Reflex bei $2\theta = 23°$, der nur bei $K_4Nb_6O_{17}$, nicht aber bei der Gruppe $K_6Nb_{10,8}O_{30}$, auftritt, sowie die Aufspaltung des Reflexes bei 25,5°, die auf die Existenz von mehr als einer Sekundärphase hindeutet. Der Reflex bei $2\theta = 34°$ weist hingegen auf die Existenz einer Phase aus der Gruppe $K_6Nb_{10,8}O_{30}$ hin. Für diese Keramik kann damit die Schlussfolgerung gezogen werden, dass sowohl $K_4Nb_6O_{17}$ als auch ein Material aus der Gruppe $K_{5,75}Nb_{10,85}O_{30}$, $K_6Nb_{10,8}O_{30}$, $K_6Nb_{10,88}O_{30}$ und $K_4CuNb_8O_{23}$ vorhanden ist.

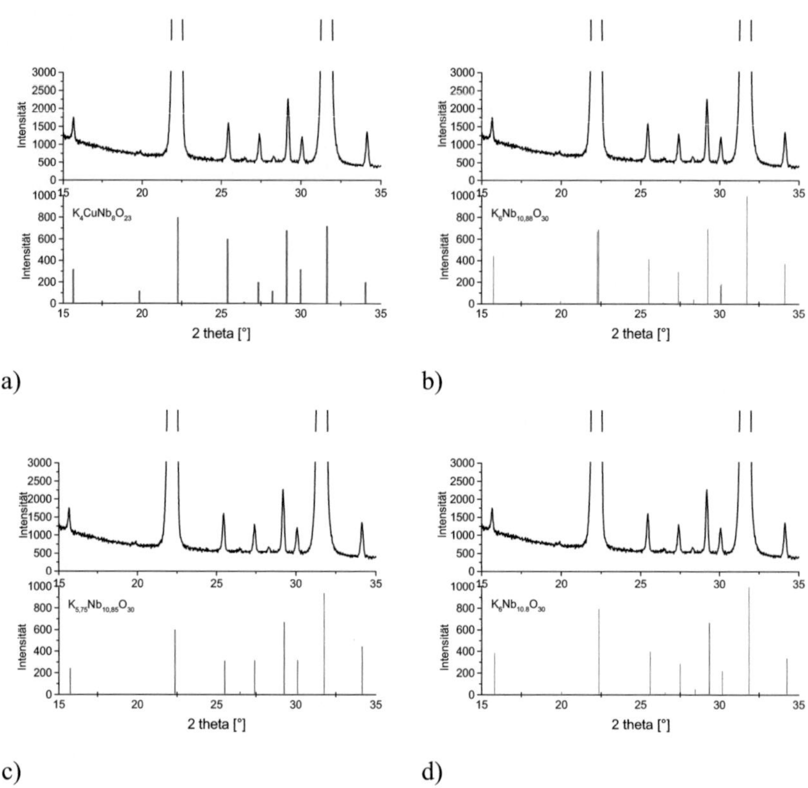

Abb. 3.3: Referenzdiffaktogramme von den Sekundärphasen für 2θ von 15° bis 35°: a) $K_4CuNb_8O_{23}$ (JCPDS: 41-0482), b) $K_6Nb_{10,88}O_{30}$ (JCPDS: 87-1856), c) $K_{5,75}Nb_{10,85}O_{30}$ (JCPDS: 38-0297) und d) $K_6Nb_{10,8}O_{30}$ (JCPDS: 70-5051), jeweils verglichen mit dem gemessenen Spektrum KNN-2% Cu mit B-Platz Überschuss.

Die Differenzierung zwischen den Materialien der Gruppe $K_{5,75}Nb_{10,85}O_{30}$, $K_6Nb_{10,8}O_{30}$, $K_6Nb_{10,88}O_{30}$ und $K_4CuNb_8O_{23}$ ist hingegen weit schwieriger und nicht anhand elementarer Methoden der Röntgenanalyse machbar. Die Ansätze zur Identifikation dieser Sekundärphasen soll anhand der Abbildung 3.3 erläutert werden. In dieser sind die Referenzreflexe der Sekundärphasen $K_{5,75}Nb_{10,85}O_{30}$, $K_6Nb_{10,8}O_{30}$, $K_6Nb_{10,88}O_{30}$ und $K_4CuNb_8O_{23}$ lt. JCPDS zusammen mit einem Diffraktogramm einer KNN-Cu (2 mol% Cu mit B-Platz Überschuss) Keramik dargestellt. Die zwei höchsten Reflexe der Sekundärphasen überlappen mit den KNN-Reflexen bei 22 und 32° und sind daher in den Diffraktogrammen nicht identifizierbar. Die Reflexe im Bereich 25,5°, 27,5° und 29,5° sind bei allen vier Sekundärphasen vorhanden und können daher auch nicht für eine Differenzierung herangezogen werden. Ein Unterscheidungskriterium hinsichtlich der $K_{5,75}Nb_{10,85}O_{30}$ Phase bildet der Reflex bei etwa 19,5°, der im Gegensatz zu $K_6Nb_{10,8}O_{30}$, $K_6Nb_{10,88}O_{30}$ und $K_4CuNb_8O_{23}$ bei dieser Phase nicht vorhanden ist. Aus der Existenz dieses Reflexes in den Diffraktogrammen kann jedoch nur gefolgert werden, dass zumindest eine der Phasen $K_6Nb_{10,8}O_{30}$, $K_6Nb_{10,88}O_{30}$ und $K_4CuNb_8O_{23}$ zusätzlich zu $K_{5,75}Nb_{10,85}O_{30}$ vorhanden sein muss. Allein aus der Information die von den Röntgendiffraktogrammen stammt, kann somit zwischen den Phasen $K_{5,75}Nb_{10,85}O_{30}$, $K_6Nb_{10,8}O_{30}$, $K_6Nb_{10,88}O_{30}$ und $K_4CuNb_8O_{23}$ nur unzureichend unterschieden werden.

Anhand von Ergebnissen aus der EPR, die im Rahmen eines DFG-Vorhaben in Kooperation mit der Arbeitsgruppe von Dr. habil. Rüdiger-A. Eichel aus der Universität Freiburg gemessen wurden, wird jedoch eine Eingrenzung des Sekundärphasenbestandes ermöglicht: Die EPR Spektren (X-Band 9.6 GHz) aller KNN-Cu Keramiken mit B-Platz Überschuss weisen einen breiten Peak bei T = 120K auf, der $K_4CuNb_8O_{23}$ zugeordnet werden kann. Die starke Verbreiterung des Peaks resultiert dabei aus der Wechselwirkung von relativ nah benachbarten Cu-Atomen, wie sie nur in einer signifikant Cu-haltigen Phase auftreten kann. Zudem wurde die Peak Position durch EPR Untersuchungen an reinem $K_4CuNb_8O_{23}$ überprüft. Somit kann aus den kombinierten Ergebnissen von XRD und EPR gefolgert werden, dass $K_4CuNb_8O_{23}$ als Sekundärphase in diesen Materialien enthalten ist. Eine weitere Eingrenzung auf der Basis der EPR Ergebnisse kann in Hinblick auf die $K_6Nb_{10,88}O_{30}$ Phase erfolgen. In $K_{5,75}Nb_{10,85}O_{30}$, $K_6Nb_{10,8}O_{30}$ und $K_4CuNb_8O_{23}$ kann Nb die Wertigkeit Nb^{5+} zugeordnet werden. Bei $K_6Nb_{10,88}O_{30}$ muss ein Teil des Nb in Form von Nb^{4+} auftreten. Da bei den EPR Messungen kein Nb^{4+} nachgewiesen werden konnte, kann das Vorhandensein von $K_6Nb_{10,88}O_{30}$ ausgeschlossen werden. Als Ergebnis für den Sekundärphasenbestand in KNN-Cu Keramiken mit Nb Überschuss wird daher davon ausgegangen, dass diese Keramiken auf jeden Fall $K_4CuNb_8O_{23}$ enthalten. Zusätzlich können diese Keramiken $K_{5,75}Nb_{10,85}O_{30}$ und/oder $K_6Nb_{10,8}O_{30}$ enthalten, ohne dass deren Existenz eindeutig nachgewiesen werden kann. In den Keramiken, in denen $K_4Nb_6O_{17}$ auftritt, ist hingegen eine Identifikation dieser Phase möglich.

3.7. Rasterelektronmikroskopie und Präparation

Die Partikelgröße von kalzinierten Pulvern und die Mikrostruktur von gesinterten Proben wurden im Rasterelektronmikroskop (Leica Stereoscan 440) analysiert. Alle Bilder wurden im Sekundär Elektronen (SE) Modus aufgenommen. Die Pulver wurden auf einem elektrisch leitenden Klebeband abgelegt und dann mit Gold besputtert. Die gesinterten Proben wurden erst mit einem ölbasierten Kühlmittel gesägt, dann kalt eingebettet und mit einer auf Öl basierten Diamantpolitur (ATM GmbH, Mammelzen, Deutschland) bis zu einer Körnung von 1μm poliert. Einige Proben wurden dann chemisch mit einer Lösung aus H_2O-HCl-HF geätzt. Vielfach wurde aber eine bessere Ätzung durch thermischen Ätzen bei Temperaturen zwischen 925°C und 955°C für 1h erreicht. Nach diesen Präparationen wurden die Oberflächen mit Gold besputtert und mit Hilfe von Al-Folie und Silberleitpaste mit dem Probenträger kontaktiert.

3.8. Elektrische Messungen

Aus den gesinterten Proben wurde eine 1,5 mm dicke Scheibe mit einem ölbasierten Kühlmittel gesägt. Diese Scheibe wurde dann beidseitig mit 4000er SiC Schleifpapier und wasserfreier Schleiflösung (ATM GmbH, Mammelzen, Deutschland) poliert. Die Scheiben haben Durchmesser zwischen 9 und 10mm und nach der Präparation eine Dicke von ungefähr 1,1 mm. Auf beiden Oberflächen wurde eine Elektrode aus Gold gesputtert.

3.8.1. Messung der dielektrischen Eigenschaften

Die relative Permittivität ε_r und der Verlustfaktor tanδ als charakteristische dielektrische Eigenschaften der KNN Keramiken wurden an einem HP 4284 Impedanzmessgerät im Frequenzbereich von 20Hz bis 1MHz bei einer effektiven Messspannung von 1 Volt pro mm Probendicke gemessen. Diese Messungen wurden vor der Polung durchgeführt.

3.8.2. Messung der Polarisation und Dehnung

Direkt nach der Messung der dielektrischen Eigenschaften wurden die Scheiben erst bei steigender bipolarer Feldstärke bis 5kV/mm bei Frequenzen von ca. 10 mHz gepolt, wenn die Leitfähigkeit der Probe nicht zu hoch war und zur Aufladung des Vergleichskondensators führte. In diesen Fällen wurde die bipolare Messung bei niedrigerer Feldstärke abgebrochen. Bei der höchsten Feldstärke wurde die Probe zykliert (typisch 3 bis 4 Zyklen) bis ein stabiler Zustand erreicht war (geschlossene Polarizationskurve). Die vergleichenden Analysen für das Verhalten unter bipolaren elektrischen Zyklen werden für die Ansteuerung bei 3kV/mm vorgenommen. Nach der bipolaren Messung wurden die Scheiben bei der höchsten erreichten Feldstärke unipolar gepolt, bis ein stabiler Zustand erreicht war (typisch 3 bis 4 Zyklen). Dann wurde die Feldstärke verringert und bei jeder unipolaren Messung 2 Zyklen gefahren.

4. Ergebnisse

In diesem Kapitel werden zunächst die Ergebnisse zu KNN dargestellt. Dabei wird insbesondere der Einfluß der A/B Stöchiometrie auf die Eigenschaften von KNN herausgearbeitet. Im zweiten Teil werden die Daten zu 0,25 mol% Cu dotiertem KNN beschrieben, wobei in Analogie zu undotiertem KNN, die Auswirkungen verschiedener A/B Stöchiometrien analysiert werden. Im darauffolgenden Teil werden die Ergebnisse zu KNN mit höheren Cu Gehalten (bis 2 mol% Cu) besprochen. Diese Materialien wurden mit jeweils 2 mol% Niob Überschuß hergestellt. Da in diesen Zusammensetzungen Cu-haltige Sekundärphasen auftreten, wurden diese in reiner Form synthetisiert, um denen Eigenschaften zu studieren.

4.1. Undotiertes KNN

KNN mit 2 mol% Alkali-Überschuss, mit 0,5 sowie 2 mol% Niob-Überschuss und mit stöchiometrischer Zusammensetzung wurden hinsichtlich der Pulvereigenschaften, des Sinterverhaltens sowie der Struktur- und Mikrostrukturbildung untersucht. Die chemischen Zusammensetzungen dieser Materialien, gemäß derer die Einwaagen der Rohstoffe berechnet wurden, sind in Tabelle 4.1 zusammengefasst.

2 mol% B-Überschuss	$(K_{0,5} Na_{0,5})_{0,98} NbO_{2,99}$
0,5 mol% B-Überschuss	$(K_{0,5} Na_{0,5})_{0,995} NbO_{2,9975}$
Stöchiometrisch	$(K_{0,5} Na_{0,5}) NbO_3$
2 mol% A-Überschuss	$(K_{0,5} Na_{0,5})_{1,02} NbO_{3,01}$

Tab. 4.1: Chemische Formeln der Zusammensetzungen von undotiertem KNN.

4.1.1. Kalzinierte KNN Pulver

Die KNN Pulver wurden nach dem Kalzinieren bei 775°C/5h und dem Mahlen in der Planetenkugelmühle zur Untersuchung der Partikelgröße durch Laser-Granulometrie charakterisiert. Zusätzlich wurden die Pulver mit Hilfe der Rasterelektronmikroskopie im Hinblick auf ihre Morphologie analysiert.

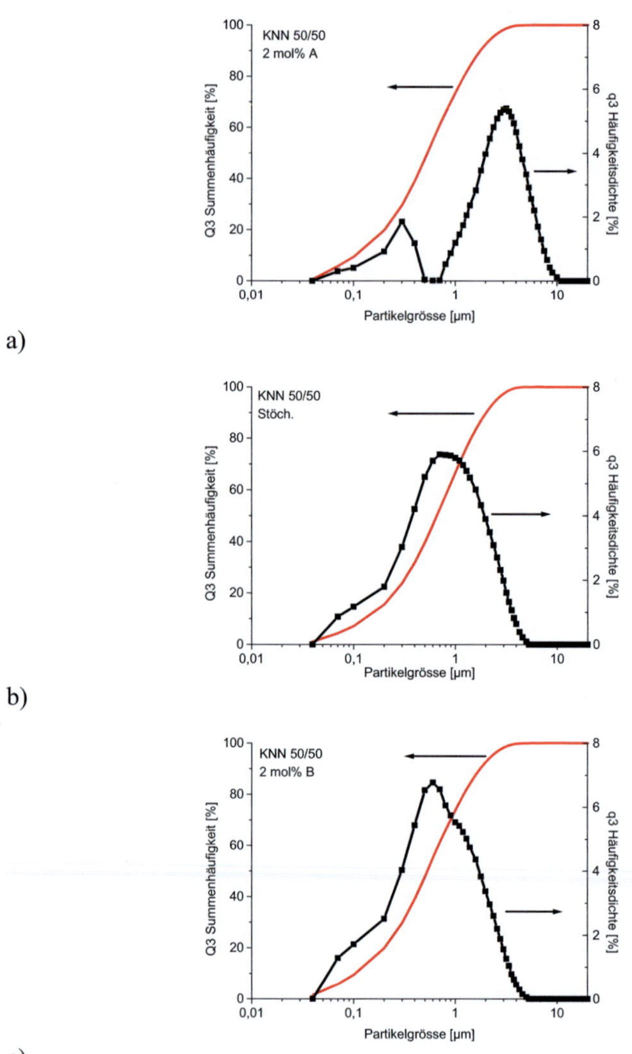

a)

b)

c)

Abb. 4.1: Partikelgrössenverteilung der kalzinierten und gemahlenen KNN Pulver (Volumen-Verteilung): a) 2 mol% A-Überschuss, b) Stöchiometrisch und c) 2 mol% B-Überschuss.

Die Kurve der Häufigkeitsdichte (q3) des stöchiometrischen Pulvers (Abb. 4.1b) hat einen breiten Peak mit einem Maximum bei einer Partikelgrösse von

0,6 μm. Die größten Partikel sind bis zu 5μm groß. Die q3-Kurve der Zusammensetzung mit 2 mol% B-Überschuss (Abb. 4.1c) sieht ähnlich wie die des stöchiometrischen Pulvers aus; die Partikel sind jedoch ca. 20% kleiner.

a)

b)

c)

Abb. 4.2: REM Bilder der kalzinierten und gemahlenen KNN Pulver: a) 2 mol% A-Überschuss, b) Stöchiometrisch und c) 2 mol% B-Überschuss.

Die REM-Aufnahmen (Abb. 4.2.b und c) der beiden Pulver zeigen sehr gut die breite Korngrößenverteilung. Die Morphologie zeigt idiomorphe Kristalle, die teilweise würfelförmig erscheinen. Gröbere Partikel mit einer Partikelgrösse bis zu 10 μm wurden in dem Pulver mit 2 mol% A-Überschuss gefunden (Abb. 4.1.a und 4.2.a). Dieses Pulver enthält aber auch sehr feine Partikel. Seine q_3-Kurve zeigt eine deutlich bimodale Partikelgrössenverteilung mit einem ersten Peak bei 0,3 μm und dem zweiten bei 3,2 μm.

Die Werte d_{10}, d_{50} und d_{84} der kalzinierten und gemahlenen Pulver (Abb. 4.3a) zeigen eine klare Abhängigkeit vom A/B Verhältnis. Das Pulver mit 2 mol% B-Überschuss (d_{50}=0,53μm) ist etwas feiner als das stöchiometrische Pulver (d_{50}=0,65μm). 2 mol% A-Überschuss führt zu einer deutlichen Vergröberung der Partikel (d_{50}=2,20μm). Die spezifische Oberfläche von diesen Pulvern (Abb. 4.3b) bestätigt den für die Partikelgrössen gemessenen Trend. Im Verarbeitungszustand weist das stöchiometrische KNN eine spezifische Oberfläche von 4,9m²/g auf. Der Wert für das Pulver mit 2 mol% B-Überschuss ist höher (6,5 m²/g), wie es bei feineren Partikeln erwartet wird und für 2 mol% A-Überschuss liegt der Wert der spezifische Oberfläche deutlich niedriger (1,8 m²/g). Durch die Auslagerung der Pulver bei 100°C im Vakuum für 12 Stunden wurde die Feuchtigkeit entfernt. Diese Behandlung hat kaum Einfluss auf die spezifische Oberfläche der Pulver gezeigt.

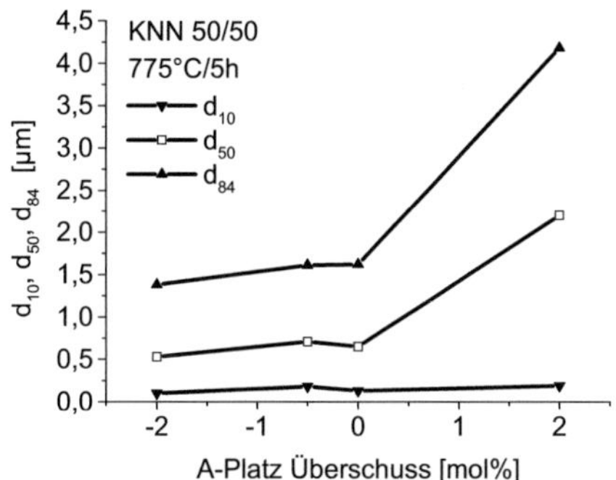

a)

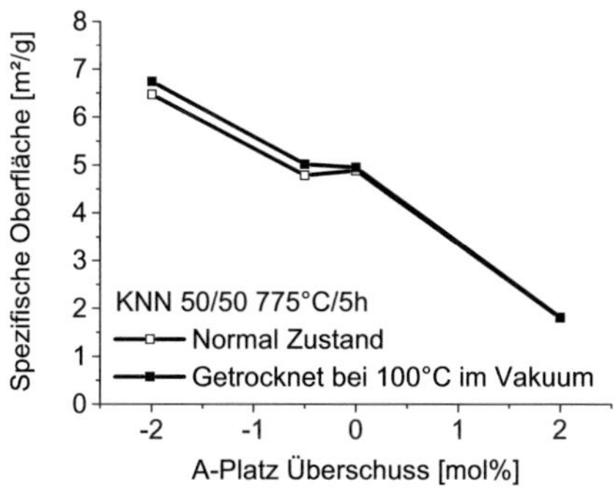

b)

Abb. 4.3: Eigenschaften von KNN Pulver nach Kalzinierung und Mahlung in Abhängigkeit vom A/B Verhältnis: a) Partikelgrösse und b) Spezifische Oberfläche.

Die Röntgenspektren der kalzinierten und gemahlenen KNN Pulver zeigen für alle Zusammensetzungen die Bildung der Perowskit Struktur (Abb. 4.4a). Es wurden keine Sekundärphasen neben der Perowskit Struktur gefunden. Die Form der Perowskit Reflexe in Abhängigkeit vom A/B Verhältnis deutet auf unterschiedliche Homogenitäten in der Bildung des $KNbO_3$ – $NaNbO_3$ Misch-kristalls hin (Abb. 4.4b). Das Röntgenspektrum des Pulvers mit 2 mol% A-Überschuss zeigt gut definierte, scharfe Reflexe. Diese stimmen mit dem Refe-renzspektrum der orthorhombischen $KNbO_3$ Struktur (JCPDS 71-2171) über-ein, wenn die auf den Natrium Gehalt zurückzuführende Verschiebung in Be-tracht gezogen wird. Im Gegensatz dazu sind die Reflexe der stöchiometrischen und Nb-reichen Pulver stark verbreitert und damit nicht sehr gut definiert, was auf eine inhomogene Struktur mit einem $KNbO_3$-reichen Bestandteil und einem $NaNbO_3$-reichen Bestandteil hindeutet.

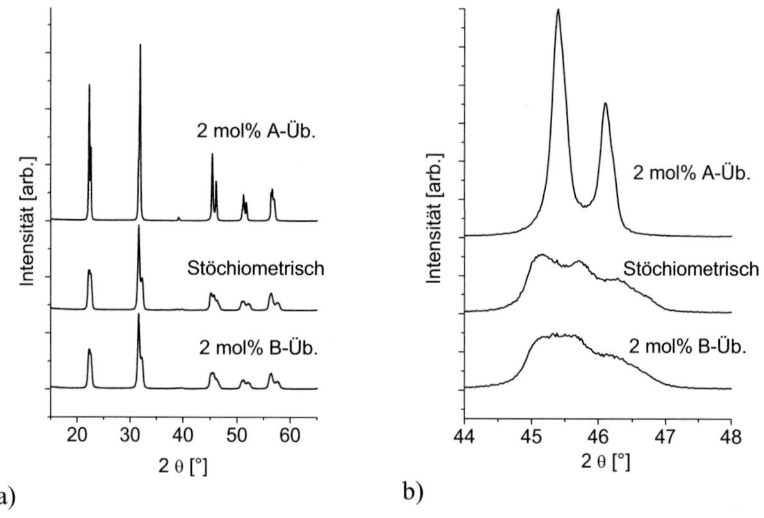

Abb. 4.4: Röntgenspektren der kalzinierten und gemahlenen KNN Pulver; a) vollständige Spektren für 2θ von $15°$ bis $65°$, b) Teilspektren für 2θ von $44°$ bis $48°$.

Der $NaNbO_3$-reiche Bestandteil ist am besten durch die Analyse der Röntgenspektren für 2θ zwischen $34°$ und $44°$ (Abb. 4.5) zu identifizieren. Materialien mit der $KNbO_3$ Struktur weisen in diesem Winkelbereich nur einen Reflex auf (JCPDS 71-2171) [Hew73]. Dagegen weist das Referenzspektrum der $NaNbO_3$ Struktur 5 Reflexe mit teilweise überlappender Intensität auf [Shu92], [Hew74]. Die Analyse der Diffraktogramme in diesem Winkelbereich zeigt für das stöchimetrische KNN und KNN mit 2 mol% B-Überschuss sowohl die Reflexe der $KNbO_3$ als auch die der $NaNbO_3$ Struktur. Auf Grund dessen sind chemische Inhomogenitäten und nicht der Einfluss der Partikelgrösse ein wesentlicher Grund für die Reflexverbreiterung in diesen Materialien.

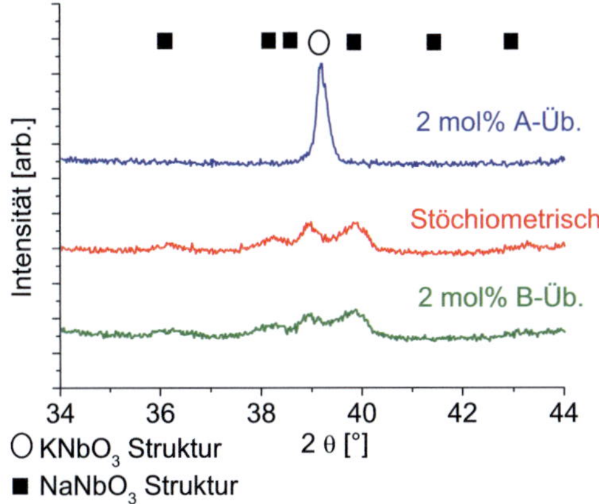

Abb. 4.5: Teilspektren der kalzinierten und gemahlenen Pulver für 2θ von 34° bis 44°.

4.1.2. Sinterverhalten des KNN

4.1.2.1. Dilatometrische Untersuchungen

Die Ergebnisse der Schwindungsmessungen (lineare Schwindung $\Delta L/L_0$ und Schwindungsrate $d(\Delta L/L_0)/dT$) sind in der Abbildung 4.6 zu sehen. Die aus den dilatometrischen Kurven ermittelten, für das Schwindungsverhalten charakteristischen Temperaturen sind in der Tabelle 4.2 zusammengefasst. Die stöchiometrische Zusammensetzung beginnt bei $T_0 = 883°C$ zu sintern und die Verdichtung ist bei $T_f = 1020°C$ abgeschlossen. Diese Zusammensetzung weist die höchste Schwindung ($\Delta L/L_0 = 0{,}12$) und Schwindungsrate auf. Für die Zusammensetzung mit 2 mol% B-Überschuss liegt die Temperatur des Sinterbeginns fast 100°C höher ($T_0 = 980°C$) und die Verdichtung ist erst bei $T_f = 1142°C$ mit einer Schwindung $\Delta L/L_0 = 0{,}09$ abgeschlossen. Im Vergleich dazu hat KNN mit 2 mol% A-Überschuss den Sinterbeginn bereits bei $T_0 = 762°C$; die Verdichtung ist bei $T_f = 939°C$ mit einer Schwindung $\Delta L/L_0 = 0{,}07$ beendet. Die Kurve der Schwindungsrate dieser Zusammensetzung weist zwei charakteristische Maxima auf. Das erste Maximum tritt bei 835°C und das zweite bei 897°C auf, beide mit ungefähr gleich hoher Schwindungsrate. Die stöchiometrische Zusammensetzung sintert besser (größere Schwindung) und schneller (größere Schwindungsrate) als die anderen Zusammensetzungen. Außerdem findet das Sintern in einem relativ engen Temperaturbereich ($\Delta T_s =$

137°C) statt, im Vergleich zu den beiden anderen Zusammensetzungen (ΔT_s = 162°C für KNN mit 2 mol% B-Überschuss und ΔT_s = 177°C für KNN mit 2 mol% A-Überschuss, Tab. 4.2). Die Zusammensetzung mit 0,5 mol% B-Überschuss verhält sich ähnlich zu der mit 2 mol% B-Überschuss, jedoch sind die Temperaturen der Sinterbeginns und des Erreichens der maximalen Schwindungsrate etwas geringer (Abb. 4.6 und Tab. 4.2).

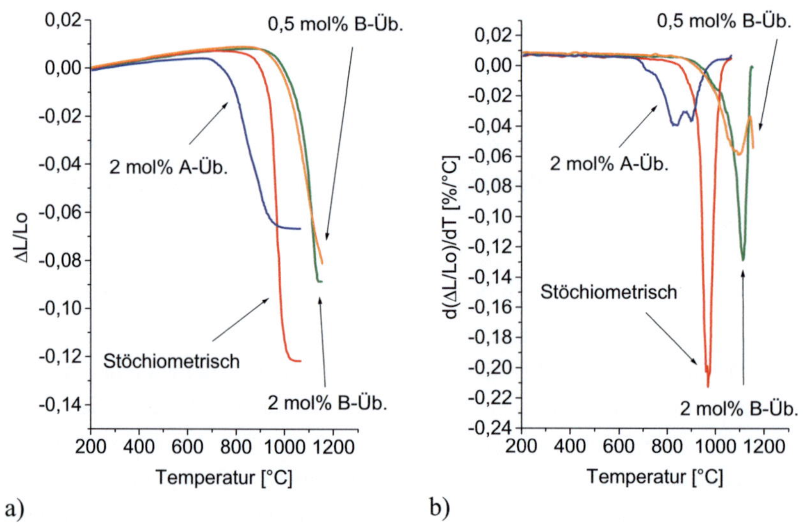

Abb. 4.6: Dilatometrische Kurven von KNN: a) Schwindung und b) Schwindungsrate.

Wird die Temperatur der maximalen Schwindung als Kriterium für eine Beurteilung des Sinterverhaltens verwendet, so gilt, dass 2 mol% A-Überschuss zu einer niedrigeren Sintertemperatur und 2 mol% B-Überschuss zu einer höheren Sintertemperatur im Vergleich zur stöchiometrischen KNN führen.

Proben Zusammensetzung	2 mol% A-Üb.	Stöchiometrisch	0,5 mol% B-Üb.	2 mol% B-Üb.
T_0 [°C]	762	883	967	980
T_{Smax} [°C]	835 (erste) 897 (zweite)	968	1093	1112
T_f [°C]	939	1020	(>1150)	1142
T_f - T_0 [°C]	177	137	(>183)	162

Tabelle 4.2: Zusammenfassung der dilatometrischen Messungen: T_0: Temperatur des Sinteranfangs, T_{Smax}: Temperatur der maximalen Schwindungsrate, T_f: Temperatur, bei der die Verdichtung aufhört und $\Delta T_s = T_f - T_0$: Temperaturbereich des Sinterns.

4.1.2.2. Drucklose Sinteruntersuchungen

Das Sintern nahe an der Solidus Temperatur bei 1105°C führt zu unterschiedlichen Verdichtungen der Keramiken, abhängig vom A/B Verhältnis. Zusätzlich unterscheidet sich das Verdichtungsverhalten der verschiedenen Zusammensetzungen in Abhängigkeit von der Haltezeit. Die Dichte für Haltezeiten von 0,05 bis 8 Stunden sind auf der Abbildung 4.7.a als Funktion des A-Platz Überschuss aufgetragen. Unabhängig von der Haltezeit erreicht die stöchiometrische Zusammensetzung die höchste Dichte, mit Maximalwerten von 4,34 g/cm³, was 96,2% der theoretischen Dichte von KNN (4,51 g/cm³) entspricht. Die Proben mit 2 mol% A-Überschuss erreichen deutlich niedrigere Dichten, auch nach langen Haltezeiten, zwischen 3,85 und 3,97 g/cm³ (bzw. 85,4 und 88,0%). Bei den Zusammensetzungen mit B-Überschuss hat die Haltezeit einen entscheidenden Einfluss auf die Enddichte. Kurze Haltezeiten führen zu relativ niedrigen Werten, um die 4,0 bis 4,1 g/cm³ (bzw. 88,7 bis 90,9%); bei der Verlängerung der Haltezeit verdichten diese Proben besser und die Zusammensetzung mit 2 mol% B-Überschuss erreicht Enddichten von 4,20 g/cm³ (bzw. 93,1%). Die Probe mit 0,5 mol% B-Überschuss erreicht nach 8 Stunden Haltezeit sogar das Niveau des stöchiometrischen KNN mit einer Dichte von 4,32 g/cm³ (bzw. 95,8%). Der Massenverlust während des Sinterns ist für die Zusammensetzung mit 2 mol% A-Überschuss am höchsten (0,93 bis 0,97%), die stöchiometrische Zusammensetzung verliert 0,40 bis 0,44% ihrer Masse. Die Zusammensetzungen mit B-Überschuss zeigen die niedrigsten Massenverluste mit 0,11 bis 0,20% für 0,5 mol% B-Überschuss und 0,17 bis 0,21 mol% für 2 mol% B-Überschuss. Eine Abhängigkeit zwischen Massenverlust und Haltezeit wurde nicht festgestellt.

In der Abbildung 4.7.b sind die Dichte der verschiedenen Zusammensetzungen als Funktion der Haltezeit aufgetragen. Die stöchiometrische Zusammensetzung erreicht die höchsten Dichten bei kurzen Haltezeiten, während bei längeren Haltezeiten die Dichte wieder abnimmt. Im Gegensatz dazu verdichtet die Zusammensetzung mit 2 mol% A-Überschuss mit längeren Haltezeiten geringfügig besser. Die Dichte von den Proben mit B-Überschuss deutet auf einen starken und positiven Einfluss der Haltezeit auf die Verdichtung hin. Bei einer Verlängerung der Haltezeit von 0,05 auf 8 Stunden nimmt die Dichte mit 2 mol% B-Überschuss um 0,19 g/cm³ (bzw. 4,2% th. D.); die Dichtezunahme bei 0,5 mol% B-Überschuss beträgt sogar 0,31 g/cm³ (bzw. 6,9% th. D.).

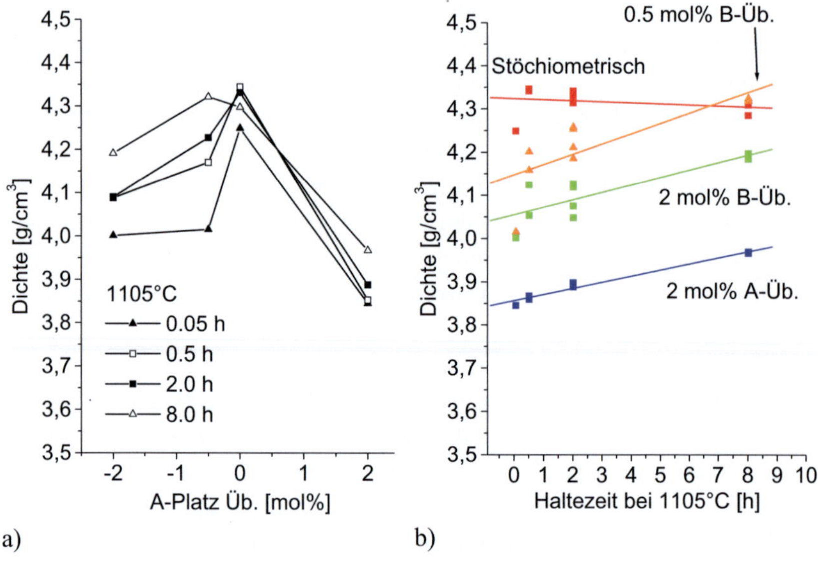

Abb. 4.7: Durchschnittliche Werte der Dichte von KNN Keramik nach dem Sintern bei 1105°C. Die Haltezeit wurde von 3 Minuten bis 8 Stunden variiert: a) Dichte in Abhängigkeit mit dem A-Platz Überschuss und b) Dichte ρ in Abhängigkeit mit der Haltezeit t_h. Die Gerade sind linear Passungen von ρ vs. t_h.

4.1.3. Röntgenanalyse der gesinterten KNN Proben

Alle Keramiken, die bei 1105°C/2h gesinterten wurden, weisen Reflexe der $KNbO_3$ Struktur auf. Diese orthorhombische Struktur ist dabei ähnlich zur monoklinen Struktur, die von Tellier et al. [Tel09] angegeben wird. (Abb. 4.8a). Die Gitterparameter dieser monoklinen Struktur sind sowohl 4,0046, 3,9446 und 4,0035 Å für die a-, b- und c-Achsen als auch eine kleine monokline Verzerrung $\beta \approx 90,33°$ für $(K_{0,5}\,Na_{0,5})NbO_3$. Bei der Sinterung entwickeln sich in KNN mit 2 mol% B-Überschuss und in stöchiometrischem KNN aus den inhomogenen, kalzinierten Pulvern mit $KNbO_3$- und $NaNbO_3$-reichen Bestandteilen chemisch homogene Keramiken. Die Diffraktogramme der gesinterten Keramiken zeigen eindeutig definierte und scharfe Reflexe. Das Röntgenspektrum der Probe mit 2 mol% A-Überschuss weist kein Unterschied im Vergleich zum Spektrum der schon homogenen kalzinierten Pulver auf. Zusätzliche Peaks wurden insbesondere im Spektrum der Probe mit 2 mol% B-Überschuss gefunden (Abb. 4.8b).

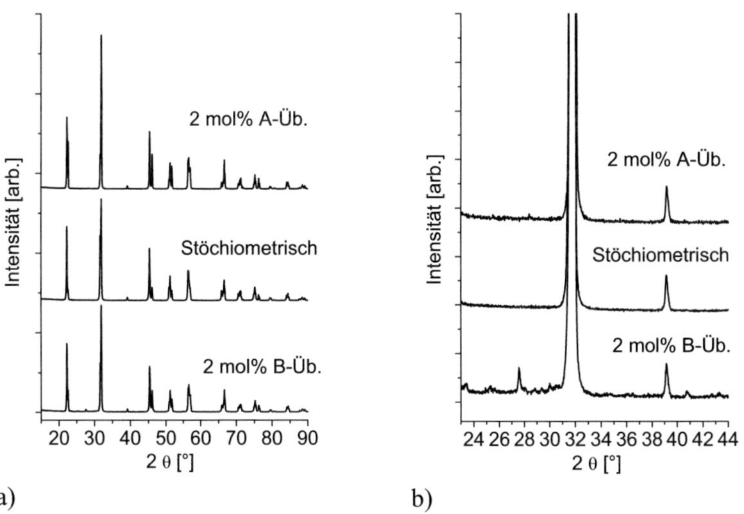

Abb. 4.8: Röntgenspektren der bei 1105°C und 2 Stunden gesinterten KNN Keramik (im getrockneten Zustand): a) Vollständigen Spektren für 2θ von 15° bis 90° und b) partiellen Spektren für 2θ von 23° bis 44°.

Im Falle eines Niob-Überschusses sollten nach dem $K_2CO_3 - Nb_2O_5$ Phasendiagramm [Rei55] neben $KNbO_3$ noch Polyniobat Phasen auftreten [Nas69], [Gas86], [Lun86], [Kom03]. Die markantesten Reflexe im Diffraktogramm von KNN mit B-Platz Überschuss, die nicht zur Perowskitstruktur gehören, stimmen relativ gut mit der Phase $K_4Nb_6O_{17}$ (JCPDS 076-0977) überein (Abb. 4.9a). Keine Information wurde über eine mögliche Substitution von Kalium durch Natrium, führend zur Verbindung $(K_{1-x}Na_x)_4Nb_6O_{17}$, in dieser Phase gefunden. In Phasen der Form $A_4B_6O_{17}$ sind die Gitterparameter nur sehr wenig von einer Substitution des A^{1+} Kations abhängig [Gas86]. Deshalb würde sich das (hypothetische) Spektrum von $(K_{1-x}Na_x)_4Nb_6O_{17}$ für geringe Gehalte an Na nur sehr wenig vom $K_4Nb_6O_{17}$ Spektrum unterscheiden. Neben den Reflexen der Perowskitstruktur und der Sekundärphase wurden noch einige weitere sehr schwache Reflexe gefunden, die auf Spuren von anderen Polyniobat Phasen hindeuten. Diese sehr schwachen Reflexe können nicht eindeutig anderen Phasen zugeordnet werden, da sie sich kaum vom Untergrund unterscheiden lassen. Die Sekundärphase $K_4Nb_6O_{17}$ ist eine hygroskopische, in Schichten organisierte Struktur, ähnlich zum Glimmer [Nas69] oder zur tetragonalen Wolfram-Bronze Struktur [Lun86]. In Kontakt mit Wasser kann dieses Material eine trihydrate Bindung $(K_4Nb_6O_{17}, 3H_2O)$ mit 3 Wassermoleküle zwischen den K^+-Kationen bilden [Gas86]. Deshalb können schon kleine Mengen von diesem Material negative Auswirkungen für das mechanische Verhalten der Keramik haben. Die Röntgenspektren des stöchiometrischen KNN und von KNN mit 2 mol% A-Überschuss nach Auslagerung der Proben in feuchter Atmosphäre deuten auf eine Reaktion zwischen der Oberfläche der Keramik und Wasser hin, da ein Reflex von niedriger Intensität bei $2\theta = 28{,}1°$ auftritt (Abb. 4.9b)

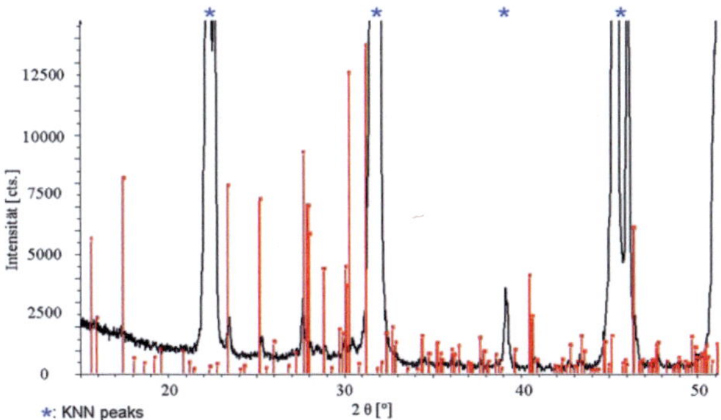

a)

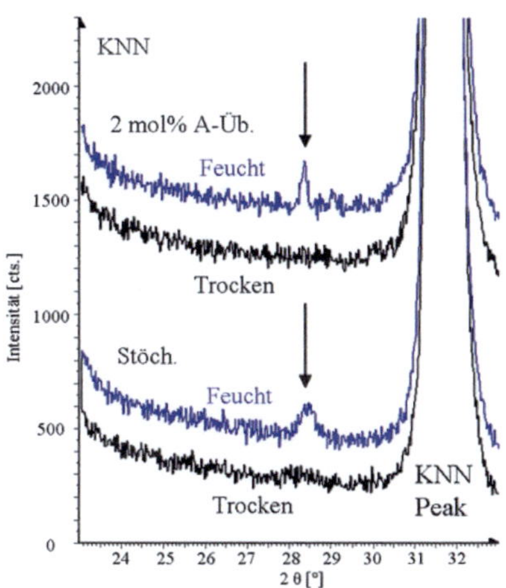

b)

Abb. 4.9: a) Röntgenspektrum eines gesinterten KNN mit 2 mol% B-Überschuss (1105°C/2h) mit Spektrum der Fremdphase $K_4Nb_6O_{17}$ (JCPDS 076-0977); b) Röntgenspektren von stöchiometrischem KNN und KNN mit 2 mol% A-Überschuss (1105°C/2h.) in trockenen Zustand und nach Exposition mit feuchten Atmosphäre.

4.1.4. Mikrostruktur von KNN Proben

Polierte und chemisch geätzte Oberflächen gesinterter KNN Proben (1105°C/2h) sind in Abbildung 4.10 dargestellt. Die stöchiometrische Probe besteht aus großen Körnern (10 – 40µm) mit erheblicher intragranularer Porosität (Abb. 4.10b). Die Körner sind nicht polyhedrisch. Mit 2 mol% A-Überschuss werden die Körner ebenfalls groß (10 – 30µm) aber, im Gegensatz zur stöchiometrischen Probe, sind die Körner frei von intragranularer Porosität (Abb. 4.10a). Obwohl das Kornwachstum von jedem Korn von seinen Nachbarn beeinflusst ist, zeigen die REM-Bilder annährend kubische Körner. Dies weist auf der Bildung von niederenergetischen Korngrenzen hin. Die Mikrostruktur der Probe mit 2 mol% B-Überschuss zeigt andere Charakteristiken. Mit den REM-Bilder der chemisch geätzte Probe lässt sich die Korngröße nur schwer abschätzen. Wegen der schwachen Ätzung sind die Korngrenzen in diesem Fall fast nicht sichtbar (Abb. 4.10c). Die Korngrenzen der Proben mit B-Überschuss lassen sich allerdings nach einer thermischen Ätzung gut erkennen (Abb. 4.11). Die Proben mit 0,5 (Abb. 4.11a) und 2 mol% (Abb. 4.11b) B-Überschuss besitzen eine ähnliche Mikrostruktur mit kleinen Körnern (1 – 3µm). Die Probe mit 0,5 mol% zeigt neben der feinkörnigen Matrix wenige große und annährend kubische Körner mit intragranularer Porosität.

a)

b)

c)

Abb. 4.10: Mikrostruktur der polierten und chemisch geätzten KNN Kerami-ken, gesintert bei 1105°C/2h: a) 2 mol% A-Überschuss, b) Stöchiometrisch und c) 2mol% B-Überschuss.

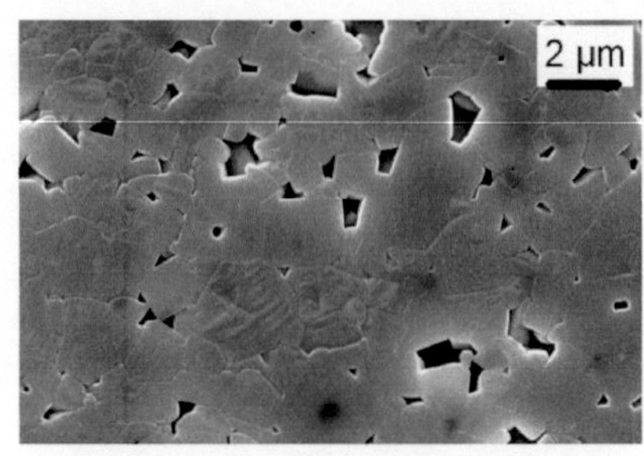

a)

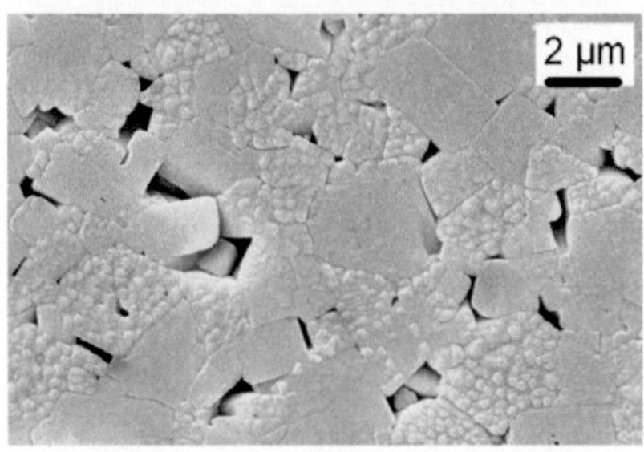

b)

Abb. 4.11: Mikrostruktur der polierten und thermisch geätzten KNN Keramiken, gesintert bei 1105°C/2h: a) 0,5 mol% B-Überschuss und b) 2 mol% B-Überschuss. Beim thermischen Ätzen bilden sich teilweise Ablagerungen auf den Kristallen. Da nicht alle Kristalle diese Ablagerung aufweisen, ist die Bildung der Deckschicht vermutlich von der kristallographischen Orientierung abhängig.

4.2. KNN dotiert mit 0,25 mol% Cu

KNN mit 2 mol% Alkali-Überschuss, 2 mol% Niob-Überschuss und stöchio-metrische Zusammensetzungen wurden mit 0,25 mol% Cu dotiert (Tab. 4.3). Bei der Einwaage wurde angenommen, dass die relativ geringe Menge an Do-tierung sich vollständig im KNN Gitter löst. Da im Voraus nicht bekannt war, ob Cu den Alkali- oder den Niob-Platz besetzt, wurde die stöchiometrische Zu-sammensetzung mit Cu einmal auf dem A-Platz und einmal auf dem B-Platz eingewogen, da deutliche Unterschiede mit dieser Zusammensetzung im Ver-gleich mit den beiden anderen zu erwarten war. Wie für undotiertes KNN wur-den die Materialien hinsichtlich Pulvereigenschaften, Sinterverhalten, Struktur- und Mikrostrukturbildung untersucht.

2 mol% B-Überschuss	$((K_{0,50} Na_{0,50})_{0,9775} Cu_{0,0025}) NbO_{2,99125}$
Stöchiometrisch, Cu auf A eingewo-gen	$((K_{0,50} Na_{0,50})_{0,9975} Cu_{0,0025}) NbO_{3,00125}$
Stöchiometrisch, Cu auf B eingewo-gen	$(K_{0,5} Na_{0,5})(Nb_{0,9975} Cu_{0,0025})O_{2,99625}$
2 mol% A-Überschuss	$((K_{0,50} Na_{0,50)1,0175} Cu_{0,0025}) NbO_{3,01125}$

Tab. 4.3: Chemische Formeln der Zusammensetzungen von KNN dotiert mit 0,25mol% Cu. Die Angaben zur Sauerstoffstöchiometrie in der Tabelle ent-sprechen den in den Einwaagen von Oxiden und Karbonaten enthaltenen Men-gen an Sauerstoff.

4.2.1. Kalzinierte KNN-0,25Cu Pulver

Die Partikelgrößen der KNN-Cu Pulver zeigen nur geringe Unterschiede und verhalten sich im Hinblick auf die Abhängigkeit vom A/B Verhältnis weitge-hend ähnlich wie die undotierten. Die Röntgenspektren der kalzinierten und gemahlenen Pulver weisen die Bildung der Perowskit Struktur für alle 4 Zu-sammensetzungen auf (Abb. 4.12a). Wie bei den undotierten KNN Pulvern, hat das A/B Verhältnis einen starken Einfluss auf die Homogenität in der Bil-dung des $KNbO_3$ – $NaNbO_3$ Mischkristalls (Abb. 4.12b). Die gut definierten und scharfen Peaks der Zusammensetzung mit 2 mol% A-Überschuss stimmen sehr gut mit dem Spektrum der orthorhombischen $KNbO_3$ Struktur (JCPDS 71-2171) überein. Dagegen deuten die Röntgenspektren der stöchiometrischen Pulver (Cu-A und Cu-B) und des Pulvers mit 2 mol% B-Überschuss mit breiten Reflexen auf eine inhomogene Mischkristallbildung mit $KNbO_3$-reichen und $NaNbO_3$-reichen Bestandteilen hin. Nach der Kalzination und der Mahlung wurde keine Sekundärphase detektiert.

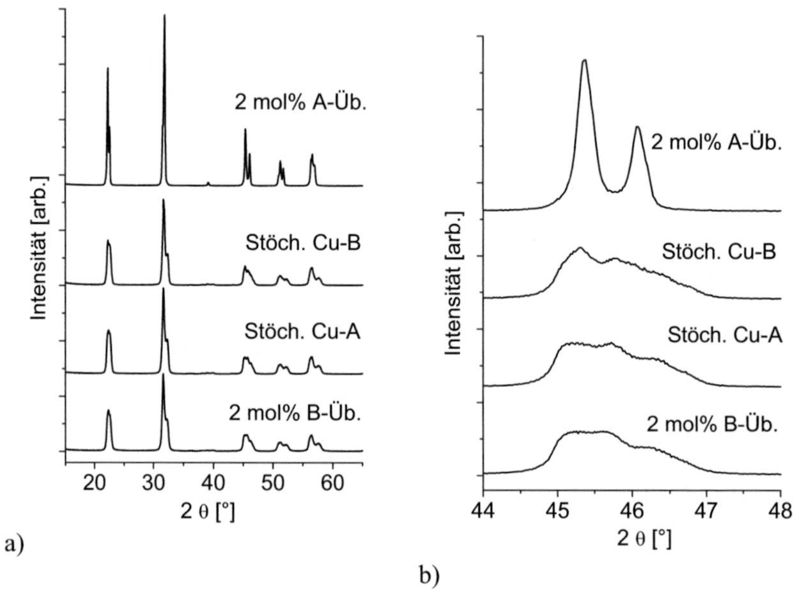

Abb. 4.12: Röntgenspektren der kalzinierten und gemahlenen KNN-0,25Cu Pulver: a) vollständige Spektren für 2θ von 15° bis 65° und b) Teilspektren für 2θ von 44° bis 48°.

4.2.2. Sinterverhalten von KNN-0,25Cu

4.2.2.1. Dilatometrische Untersuchungen

Die Schwindungen und die Schwindungsraten sind in Abbildung 4.13 dargestellt. Die Tabelle 4.4 zeigt die Temperaturen des Sinterbeginns, der maximalen Schwindungsrate, des Sinterendes und den Temperaturbereich des Sinterns. Die Zusammensetzung mit 2 mol% A-Überschuss beginnt bei $T_0 = 761°C$ zu sintern und die Verdichtung ist bei $T_f = 932°C$ abgeschlossen. Die maximale Schwindung ($\Delta L/L_0 = 0,07$) und Schwindungsrate ($0,04$ %/°C) sind im Vergleich mit den anderen Zusammensetzungen am niedrigsten. Die Zusammensetzung mit 2 mol% B-Überschuss sintert erst bei höheren Temperaturen ($T_0 = 967°C$) und erreicht kein Verdichtungsmaximum während des Aufheizens.

Diese Zusammensetzung hätte, für einen Versuchzyklus ohne Haltezeit, eine höhere Zieltemperatur gebraucht, um eine abgeschlossene Sinterzustand zu erreichen. Da aber im Temperaturbereich (oberhalb von 1150°C) eine starke Verdampfung der Alkalimetalle einsetzt, die zu einer Schädigung des Dilatometers führen könnte, wurde keine Messung bei höherer Temperatur durchgeführt.

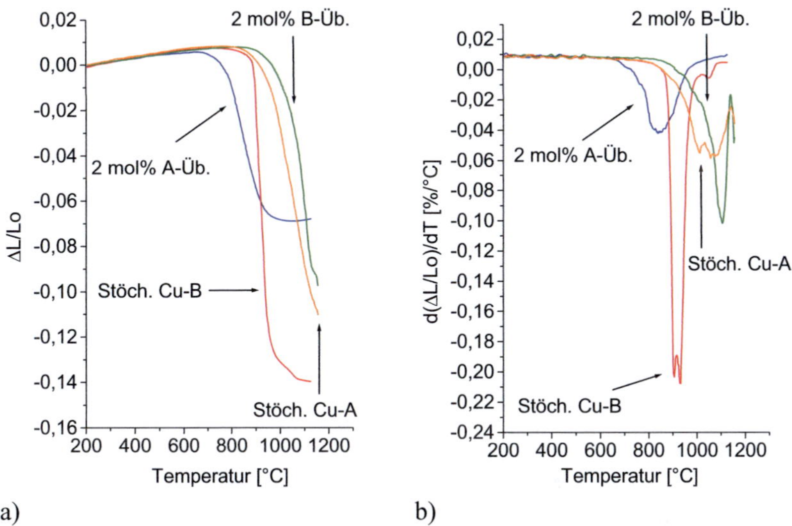

Abb. 4.13: Dilatometrische Kurven KNN-0,25Cu Keramiken: a) Schwindung und b) Schwindungsrate.

Die stöchiometrische Zusammensetzung mit Cu auf dem A-Platz (Cu-A) verhält sich ähnlich wie die Zusammensetzung mit 2 mol% B-Überschuss. Obwohl diese bei niedrigerer Temperatur (T_0 = 913°C) zu sintern anfängt, erreicht auch sie bis zur maximalen Temperatur des Versuchs (1150°C) nicht das Verdichtungsmaximum. Die stöchiometrische Zusammensetzung mit Cu auf dem B-Platz (Cu-B) beginnt bei T_0 = 872°C zu sintern und zeigt die höchste Schwindung ($\Delta L/L_0$=0,14) kurz vor dem Erreichen der maximalen Temperatur. Im wesentlichen ist die Verdichtung bei T_f = 986°C beendet. Im Bereich von 1022°C wird ein 2.Maximum in der Sinterrate gemessen, das noch zu einer geringfügigen Verdichtung führt. Wird dieser Bereich vernachlässigt kann der Sinterbereich mit $\Delta T_s = 114°C$ angegeben werden. Der enge Sinterbereich und die höchste Schwindung entsprechen eine sehr schnelle Verdichtung der stöchiometrischen (Cu-B) Zusammensetzung. Von dem allgemeinen Sinterverhalten sind die KNN Pulver kaum von der Dotierung mit 0,25 mol% Cu und stark vom A/B Verhältnis beeinflusst.

Proben Zusammensetzung	2 mol% A-Üb.	Stöchiometrisch, Cu auf B	Stöchiometrisch, Cu auf A	2 mol% B-Üb.
T_0 [°C]	761	872	913	967
T_{Smax} [°C]	836	903 (erste) 929 (zweite)	1008 (erste) 1070 (zweite)	1103
T_f [°C]	932	986	(> 1150)	(> 1150)
$T_f - T_0$ [°C]	171	114	(> 237)	(> 183)

Tabelle 4.4: Zusammenfassung der dilatometrischen Messungen: T_0: Temperatur des Sinterbeginns, T_{Smax}: Temperatur der maximalen Schwindungsrate, T_f: Temperatur, bei der die Verdichtung aufhört und $\Delta T_s = T_f - T_0$: Temperaturbereich des Sinterns.

4.2.2.2. Drucklose Sinteruntersuchungen

Die mit 0,25 mol% Cu dotierten KNN Materialien wurden an Luft bei 1055, 1080 und 1105°C für 2h gesintert. Die Dichten (Abb. 4.14) und die Massenverluste (Abb. 4.15) sind stark vom A/B Verhältnis abhängig. Mit 2 mol% A-Überschuss erreicht die KNN-0,25Cu Keramik Dichten zwischen nur 4,017 g/cm³ (1080°C/2h, 89,0%) und 4,075 g/cm³ (1055°C/2h, 90,3%). Die höchste Dichte (4,325 g/cm³, 95,9%) wird von der stöchiometrischen (Cu-A) Zusammensetzung bei 1105°C/2h erreicht. Wenn bei niedrigeren Temperaturen gesintert wird, erreicht diese Zusammensetzung niedrigere Dichten. Die stöchiometrische (Cu-B) Zusammensetzung erreicht beim Sintern bei 1055°C/2h eine Dichte von 4,253 g/cm³ (94,3%). Die stöchiometrischen Zusammensetzungen haben bei 1055°C/2h eine vergleichbare Dichte; bei Cu-A steigt allerdings die Dichte weiter mit höherer Sintertemperatur, während sie bei Cu-B wieder abfällt (Abb. 4.14.b). Die Zusammensetzung mit 2 mol% B-Überschuss zeigt, ähnlich wie die stöchiometrische (Cu-A) Zusammensetzung, eine steigende Dichte bei steigender Sintertemperatur. Jedoch ist der Anstieg der Dichte mit 2 mol% B-Überschuss viel steiler als bei stöchiometrisch (Cu-A): Sintern bei

1055°C/2h führt nur zu einer Verdichtung von 90,1% der theoretischen Dichte (4,066 g/cm³), während bei 1105°C/2h eine Dichte von 4,31 g/cm³ (95,5%) erreicht wird. Bei den gemessenen Dichten verhält sich das KNN mit 0,25 mol% Cu ähnlich wie undotiertes KNN, 2 mol% A-Überschuss führt zu niedrigeren Dichten, die Dichte von KNN mit 2 mol% B-Überschuss sind geringfügig höher mit der Ausnahme bei 1105°C/2h, wo ein relativ hoher Wert erreicht wird.

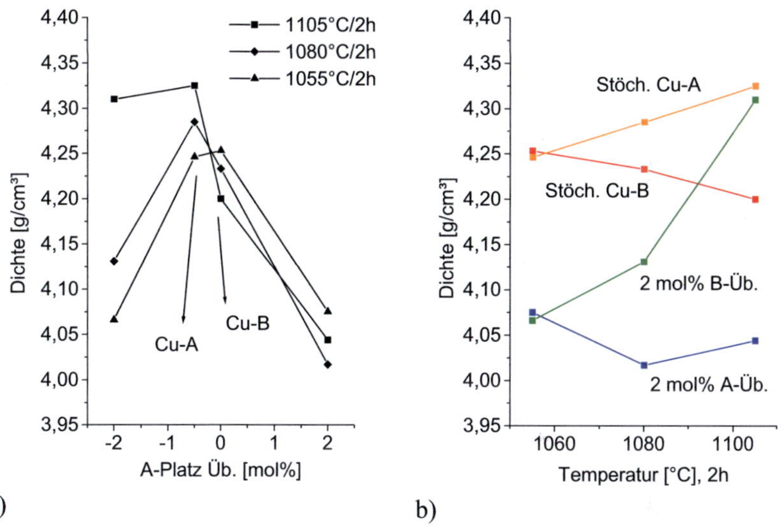

Abb. 4.14: Dichte von KNN-0,25Cu Keramik nach dem Sintern bei 1055, 1080 und 1105°C für 2h: a) Dichte als Funktion des A-Überschusses (die Daten der stöchiometrischen (Cu-A) Zusammensetzung sind bei -0,5mol% eingetragen) und b) Dichte als Funktion der Sintertemperatur.

Die gesinterten Proben wurden auch hinsichtlich der Massenverluste untersucht. Die Zusammensetzung mit 2 mol% B-Überschuss und die stöchiometrische (Cu-A) Zusammensetzung verlieren zwischen 0,30% und 0,38% (Abb. 4.15a). Die stöchiometrische (Cu-B) Zusammensetzung zeigt bei 1080°C/2h einen leicht höheren Wert von 0,56% und bei 1105°C/2h 0,42%. Bei 1055°C/2h und 1080°C/2h sind die Massenverlust der Proben mit 2 mol% A-Überschuss nahezu gleich (0,61% bzw. 0,60%); bei 1105°C/2h steigt der Wert auf 1,18% an (Abb. 4.15b). Bei 1105°C/2h sind die Massenverluste der drei anderen Zusammensetzungen im Vergleich zu den Werten bei 1080°C/2h sogar etwas niedriger. Dies kann eventuell auf eine mögliche Sättigung an Alkali in dem geschlossenen Tiegel, aufgrund der höheren Verdampfung aus der Probe mit 2 mol% A-Überschuss, zurückgeführt werden.

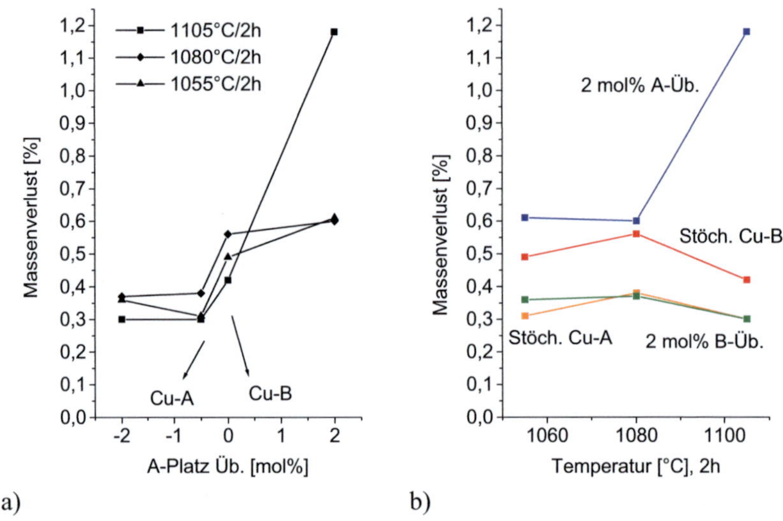

Abb. 4.15: Durchschnittlichen Werte des Massenverlustes der KNN-025Cu Keramiken nach dem Sintern bei 1055, 1080 und 1105°C für 2h: a) Massenverlust als Funktion des A-Überschusses und b) Massenverlust als Funktion der Sintertemperatur.

4.2.3. Röntgenanalyse der gesinterten KNN-0,25Cu Proben

Die Röntgenanalyse wurde, in Analogie zum undotierten KNN, an den bei 1105°C für 2h gesinterten Proben durchgeführt. Alle Zusammensetzungen besitzen nach dem Sintern eine $KNbO_3$-ähnliche Perowskitstruktur (Abb. 4.16a). Beide stöchiometrische und die Zusammensetzung mit 2 mol% B-Überschuss wandeln während des Sinterns von einer inhomogenen Struktur mit einem $KNbO_3$-reichen und einem $NaNbO_3$-reichen Bestandteil zu einem homogenen Mischkristall. Die gleiche Homogenisierung läuft auch bei den undotierten KNN-Proben ab. Ähnlich wie beim undotierten KNN wurde neben den Reflexen der Perowskitstruktur bei der Zusammensetzung mit 2 mol% B-Überschuss weitere Reflexe gefunden (Abb. 4.16b). Diese weisen auf die Bildung von zwei Fremdphasen hin. Neben der schon bei undotiertem KNN auftretenden Fremdphase $K_4Nb_6O_{17}$, könnte sich auch die Fremdphase $K_4CuNb_8O_{23}$ und ähnliche Polyniobate durch die Cu Dotierung gebildet haben (Abb. 4.17). Die Verbindung $K_4CuNb_8O_{23}$ kristallisiert dabei in einem Wolfram-Bronze Gitter, ähnlich wie $K_4Nb_6O_{17}$.

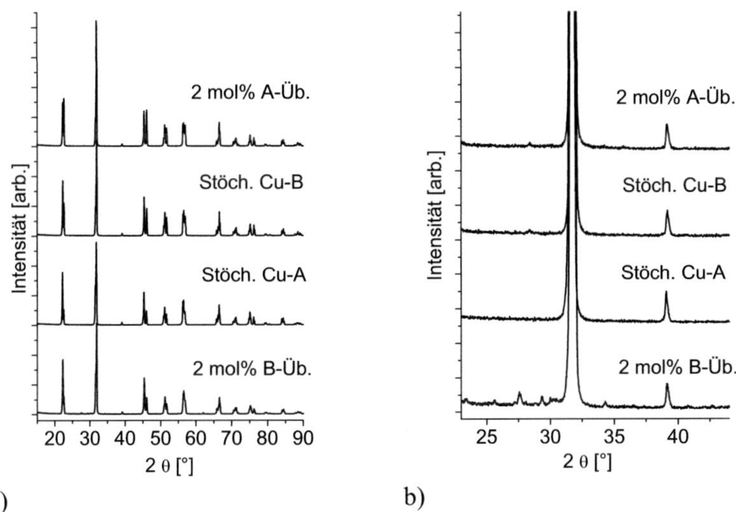

Abb. 4.16: Röntgenspektren der bei 1105°C/2h gesinterten KNN-025Cu Keramik: a) Spektren für 2θ von 15° bis 90° und b) Spektren für 2θ von 23° bis 44°.

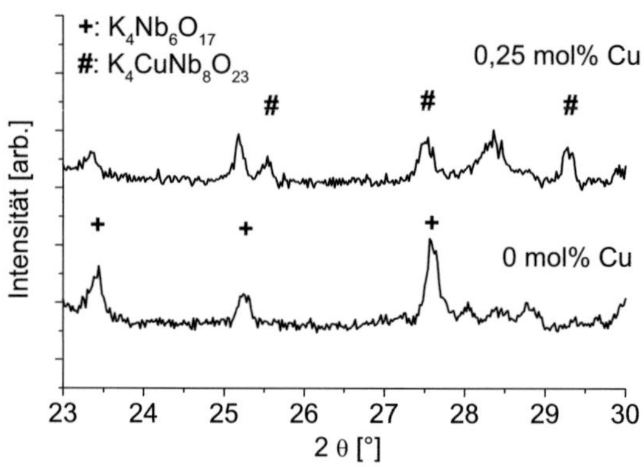

Abb. 4.17: Röntgenspektren vom undotiertem KNN mit 2 mol% B-Überschuss und von KNN mit 0,25 mol% Cu und 2 mol% B-Überschuss, beide bei 1105°C/2h gesintert. Bei beiden Spektren sind die Reflexe der jeweils auftretenden Sekundärphasen K$_4$Nb$_6$O$_{17}$ (JCPDS 076-0977) und K$_4$CuNb$_8$O$_{23}$ (JCPDS 041-0482) angedeutet.

4.2.4. Mikrostruktur von KNN-0,25Cu Proben

Die Mikrostruktur der bei 1105°C/2h gesinterten KNN-Cu Keramiken wurde an thermisch geätzten Proben untersucht und ist in Abbildung 4.18 dargestellt. Die stöchiometrische (Cu-B) Probe besteht aus großen nichtpolyhedrischen Körnern (10 – 40µm) mit intragranularer Porosität (Abb. 4.18b). Die Probe mit 2 mol% A-Überschuss enthält auch große Körner (10 – 40µm), die aber frei von Poren sind. Dazu sind ihre Körner in einer annährend kubischen Form gewachsen (Abb. 4.18a). Die Zusammensetzung mit 2 mol% B-Überschuss zeigt kleine Körner (1 – 3 µm) (Abb. 4.18d). Bei der Röntgenmessung wurden in dieser Probe Sekundärphasen detektiert: (i) K$_4$CuNb$_8$O$_{23}$ ist in den REM-Bilder nicht erkennbar und (ii) K$_4$Nb$_6$O$_{17}$ wird im Kap. 4.4.4 in Abbildung 4.25 gezeigt. Die stöchiometrische (Cu-A) Probe besteht aus 2 Kornarten: vereinzelten großen Körnern bis 40µm Durchmesser und intragranularer Porosität, und einer Matrix aus kleinen Körnern (bis ca. 5µm) (Abb. 4.18c). Das Gefüge ähnelt daher einer Probe aus undotiertem KNN mit 0,5 mol% B-Überschuss, allerdings in einem fortgeschritteneren Sinterzustand, da in der Cu-haltigen Probe bereits größere Anteile großer Körner zu finden sind.

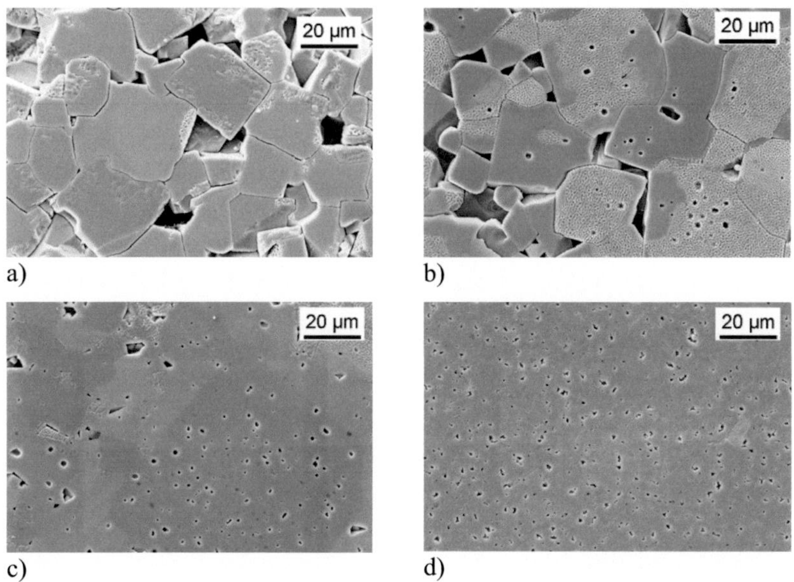

Abb. 4.18: Mikrostruktur der polierten und thermisch geätzten KNN-0,25Cu Keramiken, gesintert bei 1105°C/2h: a) 2 mol% A-Überschuss, b) Stöchiometrisch (Cu-B), c) Stöchiometrisch (Cu-A) und d) 2mol% B-Überschuss.

4.3. KNN mit B-Überschuss und steigendem Cu-Gehalt

Im Rahmen der Untersuchungen an undotiertem KNN und KNN mit 0,25 mol% Cu in Abhängigkeit von der A/B Stöchiometrie zeigte sich, daß für KNN mit Niob-Überschuss und 0,25 mol% Cu Dotierung beim Sintern bei 1105°C/2h eine hohe Dichte (4,31 g/cm^3, 95,5%) bei gleichzeitig feinkörniger, homogener Mikrostruktur erreicht werden konnte. Inspiriert von dieser Zusammensetzung wurden Pulver mit steigenden Cu-Gehalten bei Niob-Überschuß hergestellt. Die Ergebnisse zu KNN mit Niob-Überschuss und 0,25, 0,5, 1 und 2 mol% Cu-Gehalt werden in diesem Kapitel vorgestellt.

Die Tabelle 4.5 stellt die KNN Zusammensetzungen mit Cu-Gehalten von 0,0 bis 2,0 mol% Cu vor. Bei der Einwaage wurde ein konstant Nb-Überschuss von 2 mol% und eine Cu-Dotierung auf dem A-Platz vorausgesetzt. In der Tabelle 4.5 sind auch die Strukturformeln angegeben, wenn Cu nicht auf den A-Platz geht, sondern auf den B-Platz. Dies führt zu der Änderung von den Besetzungen der A- und B-Plätze und beeinflusst als Folge den B-Überschuss. In diesem Kapitel erfolgt die Benennung der 4 Zusammensetzungen nach dem Cu-Gehalt.

Cu-Gehalt	Eingewogene Zusammensetzung (Cu auf A, 2 mol% Nb-Überschuss)	Zusammensetzung (Cu auf B statt auf A)	B-Überschuss (Cu auf B) statt 2 mol% Nb-Überschuss
0,25 mol% Cu	$((K_{0,5} Na_{0,5})_{0,9775} Cu_{0,0025}) Nb\, O_{2,99125}$	$(K_{0,5} Na_{0,5})_{0,9775} (Nb_1 Cu_{0,0025}) O_{2,99125}$	2,5 mol%
0,5 mol% Cu	$((K_{0,5} Na_{0,5})_{0,975} Cu_{0,005}) Nb\, O_{2,9925}$	$(K_{0,5} Na_{0,5})_{0,975} (Nb_1 Cu_{0,005}) O_{2,9925}$	3 mol%
1 mol% Cu	$((K_{0,5} Na_{0,5})_{0,97} Cu_{0,01}) Nb\, O_{2,995}$	$(K_{0,5} Na_{0,5})_{0,97} (Nb_1 Cu_{0,01}) O_{2,995}$	4 mol%
2 mol% Cu	$((K_{0,5} Na_{0,5})_{0,96} Cu_{0,02}) Nb\, O_3$	$(K_{0,5} Na_{0,5})_{0,96} (Nb_1 Cu_{0,02}) O_3$	6 mol%

Tabelle 4.5: Zusammensetzungen von KNN Keramiken mit x mol% Cu und B-Überschuss. Hier wurde die Bildung einer Sekundärphase nicht berücksichtigt.

4.3.1. Kalzinierte Pulver

Die Röntgenanalyse der bei 775°C/5h kalzinierten und gemahlenen Pulver zeigt bei allen Zusammensetzungen eine Perowskitstruktur (Abb. 4.19a).

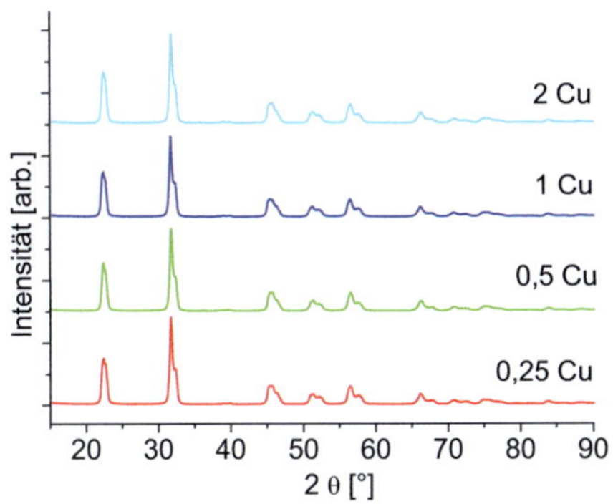

a)

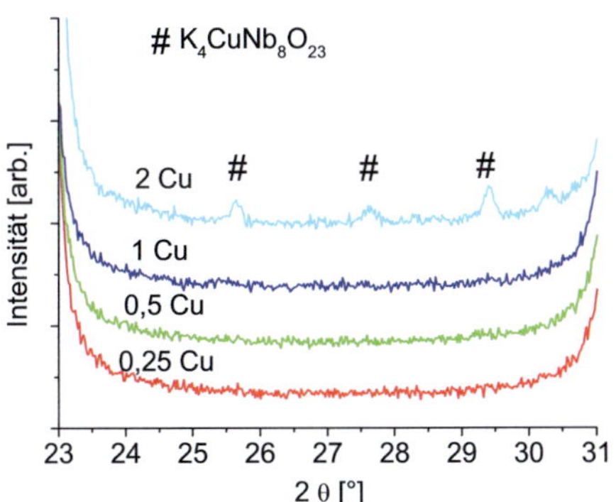

b)

Abb. 4.19: Röntgenspektren der bei 775°C/5h kalzinierten KNN-Pulver mit B-Überschuss und verschiedenen Cu-Gehalte: a) Diffraktogramme mit 2θ von 15° bis 90° und b) Diffraktogrammmit 2θ von 23° bis 31°; Reflexe der Sekundärphase $K_4CuNb_8O_{23}$ sind gekennzeichnet.

Wie schon für die Kalzination von undotiertem KNN mit B-Überschuss deuten die Röntgenspektren auf inhomogene Strukturen mit $KNbO_3$-reichen und $NaNbO_3$-reichen Bestandteilen hin. Von 0,25 bis 1 mol% Cu-Dotierung wurde, wie in dem kalzinierten Pulver bei undotiertem KNN, keine Sekundärphase

detektiert. Bei 2 mol% Cu-Dotierung bildet sich bei der Kalzinierung zusätzlich zur Perowskitstruktur die Sekundärphase $K_4CuNb_8O_{23}$ (Abb. 4.19b) und
möglicherweise weitere Polyniobate.

4.3.2. Sinterverhalten

4.3.2.1. Dilatometrische Untersuchungen

Die Cu-haltigen KNN Zusammensetzungen wurden mit reinem KNN mit 2
mol% B-Überschuss in einer Versuchsreihe im Hinblick auf ihr Sinterverhalten untersucht. Die Schwindung und die Schwindungsrate sind in der Abbildung 4.20 dargestellt. Die Temperaturen des Sinterbeginns und der höchsten
Sinterrate sind für diese Versuchsreihe in Tabelle 4.6 aufgelistet. Generell gilt,
dass mit steigendem Cu-Gehalt der Sinterbeginn zu niedrigeren Temperaturen
verschoben wird (Abb. 4.20.a).

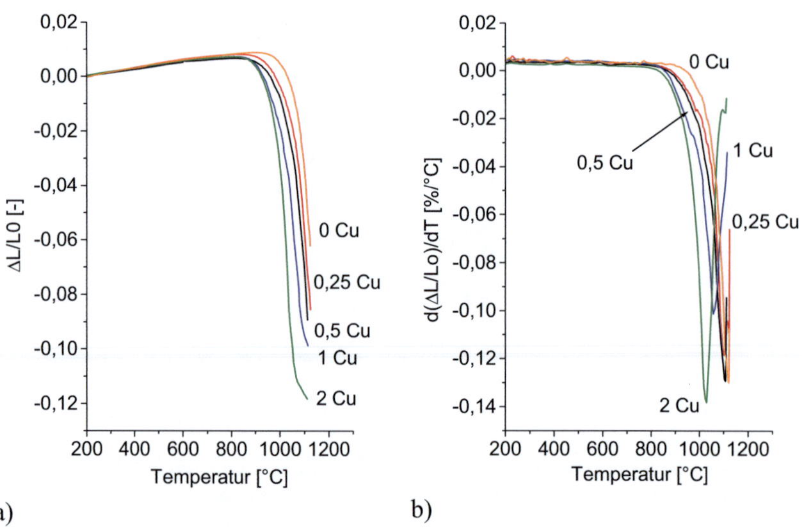

Abb. 4.20: Dilatometrische Analyse von KNN Keramiken mit B-Überschuss
und verschiedenen Cu-Gehalte: a) Schwindung und b) Schwindungsrate

Ohne Kupfer beginnt KNN mit 2 mol% B-Überschuss bei $T_0 = 1001°C$ zu sintern; mit 2 mol% Cu setzt die Verdichtung bei $T_0 = 895°C$ ein (Tab. 4.6). Für
die Temperatur des Erreichens der höchste Schwindungsrate ist der gleichen

Trend zu erkennen (Abb. 4.20b). Die Temperaturunterschiede zwischen den Zusammensetzungen mit 0, 0,25 und 0,5 mol% Cu sind relativ klein (T_{Smax} = 1120°C, 1098°C bzw. 1108°C). Bei 1 und 2 mol% Cu-Dotierung erreichen die Schwindungsraten ihr Maximum bei deutlich niedrigeren Temperaturen von 1056°C und 1028°C (Tab. 3.6).

Bis zu einem Cu-Gehalt von 0,5 mol% sind die Veränderungen hinsichtlich des Schwindungsverhaltens bei der Aufheizung relativ gering; bei KNN mit höheren Cu-Gehalten werden hingegen die für eine Sinterung erforderlichen Temperaturen deutlich herabgesetzt und die Schwindung erhöht.

Zusammensetzung	0 Cu	0,25 Cu	0,5 Cu	1 Cu	2 Cu
T_0 [°C]	1001	959	946	906	895
T_{Smax} [°C]	1120	1098	1108	1057	1026

Tabelle 4.6: Zusammenfassung der Resultate der dilatometrischen Messungen von KNN Keramiken mit B-Überschuss und verschiedenen Cu-Gehalte: T_0: Temperatur des Sinterbeginns, T_{Smax}: Temperatur der maximalen Schwindungsrate (T_f und $\Delta T_s = T_f - T_0$ sind in diesem Fall nicht vorhanden, da das Sintern bei keiner Probe abgeschlossen war).

4.3.2.2. Drucklose Sinteruntersuchungen

Um den Einfluss der Sintertemperatur auf die Dichten und die Masseverluste der Cu-dotierten KNN Zusammensetzungen zu untersuchen, wurden die Materialien zwischen 1030°C und 1080°C für 2h an Luft in einem geschlossenen Tiegel gesintert (Abb. 4.21). Die relativen Dichten dieser Zusammensetzungen werden bezogen auf die theoretische Dichte von reinem KNN (4,51 g/cm³) angegeben. Die Zusammensetzung mit 0,25 mol% Cu verdichtet im Temperaturbereich zwischen 1030°C und 1080°C am schlechtesten. Es werden Dichten von 3,97 g/cm³ (88,0%) für 1030°C und 4,14 g/cm³ (91,8%) für 1080°C erreicht, wobei die Steigerung der Dichte zwischen diesen Sintertemperaturen fast linear ist. Für KNN mit 0,5 mol% Cu sind die Dichten etwas höher. Die Zunahme der Dichte mit der Sintertemperatur ist auch für dieses Material fast linear. Für 1030°C liegt die Dichte bei 4,10 g/cm³ (90,9%) und für 1080°C bei 4,19 g/cm³ (92,9%). Mit 1 mol% Cu werden mit 4,19 g/cm³ (92,9%) für 1030°C und 4,34 g/cm³ (96,2%) für 1080°C noch höhere Dichten erreicht. Die

Steigung der Dichte mit zunehmender Temperatur ist auch in diesem Fall linear mit einer ähnlichen Steigung wie für 0,25 mol% Cu. Bei KNN mit 2 mol% Cu werden hohe Dichten bereits bei niedrigen Sintertemperaturen erreicht. Für 1030°C wurde eine Dichte von 4,32 g/cm³ (95,8%) gemessen. Im Temperaturbereich zwischen 1030°C und 1067°C sind die Dichten nahezu konstant (Abb. 4.21a). Bei weiterer Erhöhung der Sintertemperatur auf 1080°C deutet sich eine leichte Tendenz zum Abfall der Dichte an. Insbesondere mit hohen Cu-Gehalten lässt sich KNN mit B-Überschuss bereits bei relativ niedrigen Temperaturen zu hohen Dichten sintern. Bei KNN mit 2 mol% Cu ist es sogar möglich, über einen weiten Bereich von Sintertemperaturen, annähernd gleichbleibend hohe Dichten zu erreichen.

Bei den Masseverlusten verhalten sich die Zusammensetzungen mit 0,25, 0,5 und 1 mol% Cu bis zu einer Temperatur von 1055°C annährend gleich (Abb. 4.21b). Ihre Werte sind für eine Sintertemperatur von 1030°C, mit Masseverlusten zwischen 0,26 und 0,30%, gering. Sie erreichen ein Maximum für 1055°C (0,36–0,40%) und bei weiter erhöhten Temperaturen fallen die Werte wieder leicht ab (0,32–0,38%). Im Gegensatz zu den Zusammensetzungen mit 0,25 und 0,5 mol% Cu ist der Abfall der Masseverluste für KNN mit 1 mol% Cu bei Sintertemperaturen über 1055°C relativ steil. Die Masseverluste für 2 mol% Cu sind bei allen Sintertemperaturen deutlich größer, mit Werten zwischen 0,45 und 0,54%. Der maximale Wert wird dabei bei 1042°C erreicht. Für Sintertemperaturen zwischen 1055°C und 1080°C liegen die Masseverluste dabei fast gleich hoch (0,51 – 0,53%) (Abb. 3.21b). Tendenziell treten für alle Zusammensetzungen die maximalen Masseverluste bei mittlerer Sintertemperatur im Bereich zwischen 1042°C und 1055°C auf. Die Sintertemperatur bei der die Masseverluste am höchsten werden ist für 2 mol% Cu um 13°C geringer als für die drei Zusammensetzungen mit niedrigerer Cu-Dotierung, wobei bei dieser hochdotierten Zusammensetzung die höchsten Masseverluste auftreten.

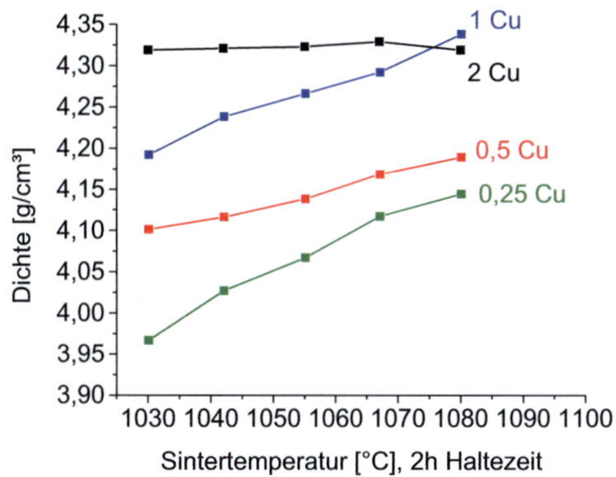

a)

b)

Abb. 4.21: Dichten und Masseverluste von KNN Keramiken mit B-Überschuss in Abhängigkeit vom Cu-Gehalt und der Sintertemperatur: a) Dichten und b) Massenverluste.

Da im Temperaturbereich bis 1080°C für die Zusammensetzungen mit 0,25 und 0,5 mol% Cu ein deutlicher Anstieg der Dichte mit der Sintertemperatur zu beobachten ist, wurden diese Materialien auch bei einer Sintertemperatur von 1105°C untersucht. Dabei wurde die Sinterdauer in einem Zeitraum von 0,5 bis zu 16 Std. variiert (Abb. 4.22). Für KNN mit höheren Cu-Gehalten ist dieser Sintertemperaturbereich wenig geeignet, da in diesen Materialien bei Temperaturen über 1080°C Entmischungserscheinungen auftreten. Bei einer

Sintertemperatur von 1080°C/2h betrugen die Dichten 4,14 g/cm³ (91,8%) für 0,25 mol% Cu und 4,19 g/cm³ (92,9%) für 0,5 mol% Cu. Sintern bei 1105°C für 0,5h erhöhte diese Werte auf 4,28 g/cm³ (94,9%) und 4,27g/cm³ (94,7%). Bei längeren Haltezeiten nehmen die Dichten der beiden Zusammensetzungen fast linear mit der Sinterdauer zu und erreichen 4,29 g/cm³ (95,1%) und 4,28 g/cm³ (94,9%) nach 2h Haltezeit. Nach 16h liegen die Dichten mit 4,32 g/cm³ (95,8%) und 4,33 g/cm³ (96,0%) (Abb. 4.22a) auf einem Niveau, ähnlich zu dem der am dichtesten gesinterten, mit hohen Cu-Gehalte.

Die Masseverluste sind bis 2h Haltezeit vergleichbar zu denen bei niedrigeren Temperaturen mit Werten unter 0,40%. Bei 8h Haltezeit steigen die Masseverluste um 50% auf Werte um 0,60% und bei einer Haltezeit von 16 Std. steigt der Masseverlust für KNN mit 0,25 mol% Cu auf 0,79%. Bei dieser Haltezeit reagiert die Probe mit 0,5 mol% Cu mit der Al_2O_3 Unterlage, was zu einer Schädigung der Oberfläche der Probe führt und damit zu einer unzuverlässigen Bestimmung des Masseverlusts (Abb. 4.22b).

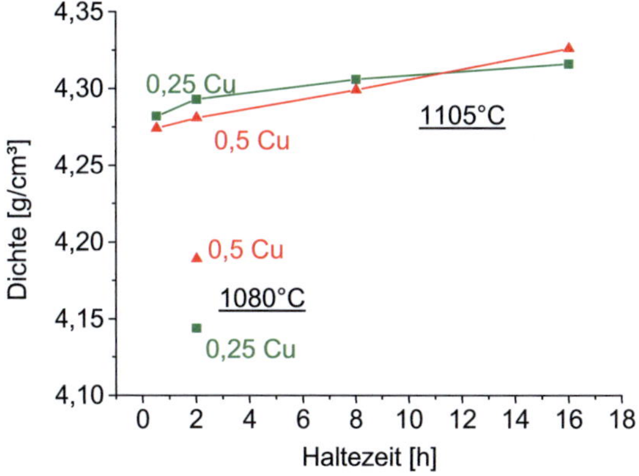

a)

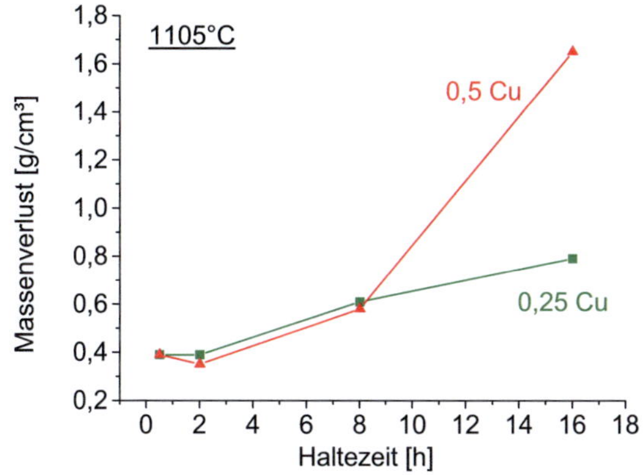

b)

Abb. 4.22: Dichten und Masseverluste der bei 1105°C gesinterten KNN Keramiken mit B-Überschuss und niedrigen Cu-Gehalten, in Abhängigkeit von der Haltezeit: a) Dichten (die Werte für 1080°C/2h dienen als Vergleichswerte) und b) Masseverluste.

4.3.3. Röntgenanalyse von Cu-haltigem KNN mit B-Überschuss

Die Zusammensetzungen mit Cu-Dotierung wurden, in Analogie zum undotierten KNN mit B-Überschuss im Hinblick auf die Perowskitbildung und insbesondere auf die Bildung von Sekundärphasen hin untersucht. Die kalzinierten Pulver der jeweiligen Zusammensetzungen waren inhomogen (Abb. 4.19a). Das Sintern führt zu einer homogenen Perowskitstruktur für jede Zusammensetzung mit definierten Reflexen, wie anhand der (200) Reflexe für 2θ zwischen 45° und 46,5° ersichtlich ist (Abb. 4.23a). Die Abbildung 4.23b zeigt den Vergleich zwischen die Röntgendiffraktogrammen der Zusammensetzungen mit steigendem Cu-Gehalt für 2θ zwischen 23° und 30°, in dem Winkelbereich, wo die stärksten Reflexe dieser Sekundärphasen auftreten.

Undotiertes B-reiches KNN Pulver ist nach Kalzinierung frei von Sekundärphasen (Abb. 4.4a). Die gesinterte Keramik hingegen enthält die Sekundärphase $K_4Nb_6O_{17}$. Auch in KNN-Cu mit Kupfergehalten bis 1 mol% sind in den kalzinierten Pulvern keine Sekundärphasen nachweisbar. Die Bildung der Sekundärphasen bei der Sinterung ist vom Cu-Gehalt abhängig. Das Diffraktogramm der KNN Keramik mit 0,25 mol% Cu zeigt zum einen die Bildung der Sekundärphase $K_4Nb_6O_{17}$, gleichzeitig kommt es aber durch die Präsenz von Cu zusätzlich zur Bildung der Cu-haltigen Sekundärphase $K_4CuNb_8O_{23}$ (Abb. 4.23c) und möglicherweise weiterer Polyniobate. Bei den Keramiken mit 0,5 und 1 mol % Cu-Gehalt werden im Laufe der Sinterung $K_4CuNb_8O_{23}$ und möglicherweise weitere Polyniobate gebildet. In diesen Keramiken ist keine $K_4Nb_6O_{17}$ Sekundärphase nachweisbar. In der 2 mol% Cu-haltigen Zusammensetzung treten die Sekundärphase $K_4CuNb_8O_{23}$ und möglicherweise weitere Polyniobate bereits in kalziniertem Pulver auf, die nach dem Sintern noch vorhanden sind. In allen Cu-dotierten KNN mit B-Überschuss wurden zusätzlich sehr schwache Peaks gefunden, die zu den Verbindungen CuO und/oder Cu_2O zugeordnet werden könnten. Mit steigendem Cu-Gehalt scheint der Anteil diesen Sekundärphasen anzunehmen.

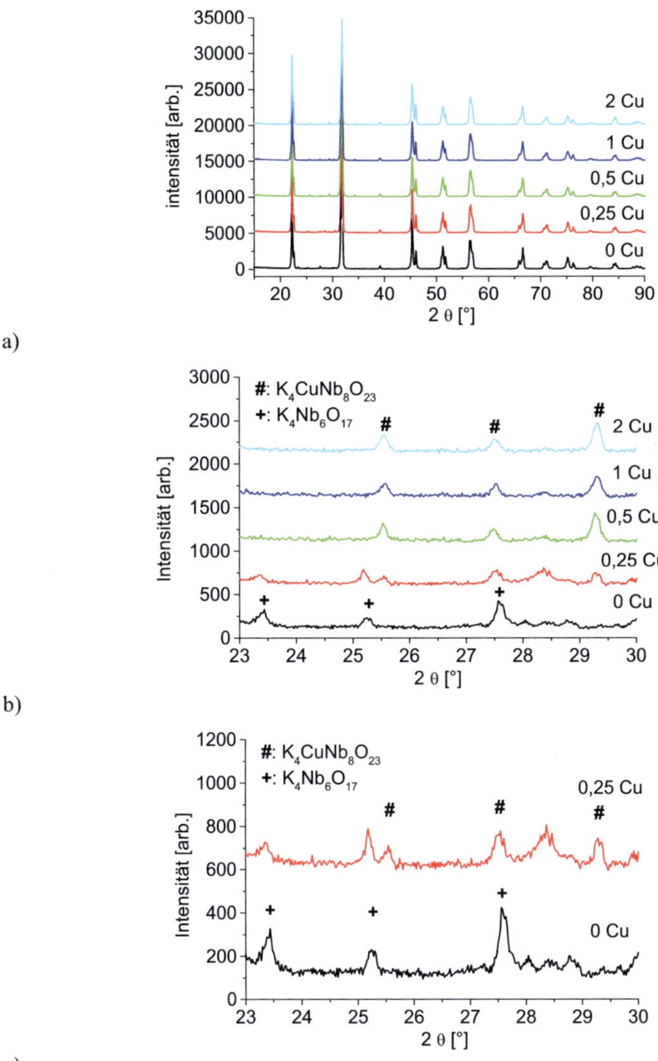

a)

b)

c)

Abb. 4.23: Röntgendiffraktogramme von KNN Keramiken mit B-Überschuss in Abhängigkeit vom Cu-Gehalt, gesintert bei 1105°C/2h: a) für 2θ von 15° bis 90°, b) detaillierter Ausschnitt für 2θ von 23° bis 30°, die Reflexe der Sekundärphasen sind angezeigt und c) gleicher Winkelbereich als b), diesmal nur die Probe ohne Cu und die Probe mit dem niedrigsten Cu-Gehalt (0,25 mol%).

4.3.4. Mikrostruktur von Cu-haltigem KNN mit B-Überschuss

Die Mikrostrukturen der vier KNN-Cu Keramiken nach Sintern bei 1080°C/2h sind anhand von REM Bildern von polierten und thermisch bei 925°C/0,5h geätzten Oberflächen in der Abbildung 4.24 dargestellt. Typisch für KNN mit B-Überschuss ist die homogenen und feinkörnigen Mikrostruktur. Alle KNN-Cu Keramiken haben hohe Anteile an feinkörnigem Gefüge mit Korngrößen von weniger als 1 µm. In KNN ohne Kupfer sind die Körner von B-reichen Keramiken auch klein aber ohne signifikante Morphologie (Abb. 4.11b). Mit steigendem Cu-Gehalt scheint sich bei einem zunehmenden Anteil der Körner eine kuboide Form zu entwickeln. Neben den sehr feinkörnigen Anteilen treten regelmäßig auch etwas größere Körner auf. Die Größe dieser großen Körner nimmt mit zunehmendem Cu-Gehalt von ungefähr 3µm für 0,25 mol% Cu (Abb. 4.24a) bis ungefähr 10µm für 2 mol% Cu (Abb. 4.24d) zu, wobei beide Korngrößenangaben für die Maximalwerte der Korngrößen gelten. Die Gefügebestandteile an Sekundärphase ($K_4CuNb_8O_{23}$ und $K_4Nb_6O_{17}$) waren anhand der REM Aufnahmen nicht identifizierbar. Im Zuge der thermischen Ätzung dieser Proben kommt es allerdings zu Reaktionen was zur Bildung von Ausscheidungen an der Oberfläche führt. Diese Cu-reichen Ausscheidungen sind in Abbildung 4.24c zu sehen.

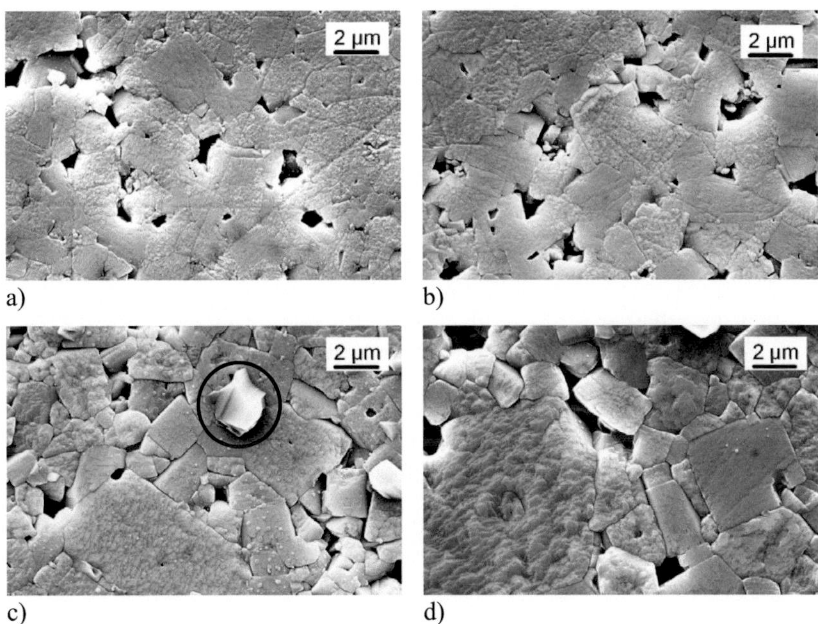

Abb. 4.24: Mikrostruktur der polierten und thermisch geätzten B-reichen KNN Keramiken mit steigenden Cu-Gehalt, bei 1080°C/2h gesintert: a) 0,25 mol% Cu, b) 0,5 mol% Cu, c) 1 mol% Cu (Cu-reiche Ausscheidung im Kreis) und d) 2 mol% Cu.

Alle vier Keramiken enthalten nach den Ergebnissen der Röntgenanalyse neben der Matrix aus KNN noch die Sekundärphase $K_4CuNb_8O_{23}$. In diesen Keramiken waren diese Sekundärphasenanteile nicht als Körner zu identifizieren. In der Probe mit 0,25 mol% Cu wurde zusätzlich noch die Sekundärphase $K_4Nb_6O_{17}$ bei Röntgenanalyse identifiziert (Abb. 4.23b). Diese Sekundärphase wurde auch im undotierten B-überschüssigen KNN gefunden, aber sie war kaum in der Mikrostruktur zu erkennen. Die mikrostrukturelle Entwicklung bei den Zusammensetzungen mit 0,25 mol% Cu und B-Überschuss bei 1105°C in Abhängigkeit von der Haltezeit ist in Abbildung 4.25 dargestellt. In dieser KNN Keramik ist die Matrix durch eine feinkörnige Mikrostruktur und ohne merkliches Kornwachstum durch die längere Haltezeit charakterisiert. Im Gegenteil zum undotierten KNN mit B-Überschuss, wurde die $K_4Nb_6O_{17}$ Sekundärphase im KNN mit B-Überschuss und 0,25 mol% Cu deutlich sichtbar. Die

Abbildung 4.25 stellt die Mikrostrukturen für 0,5h und 2h mit jeweils 2 Vergrößerungen dar. Nach 0,5h befinden sich neben der Matrix aus KNN einige Cluster aus $K_4Nb_6O_{17}$, die deutlich größer sind als die Matrixkörner (ca. 25µm gegenüber maximal 5µm) der Keramik (Abb. 4.24a). Nach 2h sind die Cluster stark gewachsen und sie erreichen Größen von 100µm. Ihre Form ist polyhedrisch und sie bestehen aus lamellenartigen Bereichen, die parallel zueinander organisiert sind. Zwischen einigen Lamellen gibt es Spalten (Abb. 4.25a und 4.25c), deren Bildung wahrscheinlich auf Spannungen, die bei der Abkühlung in Folge der unterschiedlichen Wärmeausdehnungskoeffizienten von KNN und $K_4Nb_6O_{17}$ oder eine Anisotropie der Wärmeausdehnungskoeffizienten von $K_4Nb_6O_{17}$ auftreten, zurückzuführen sind.

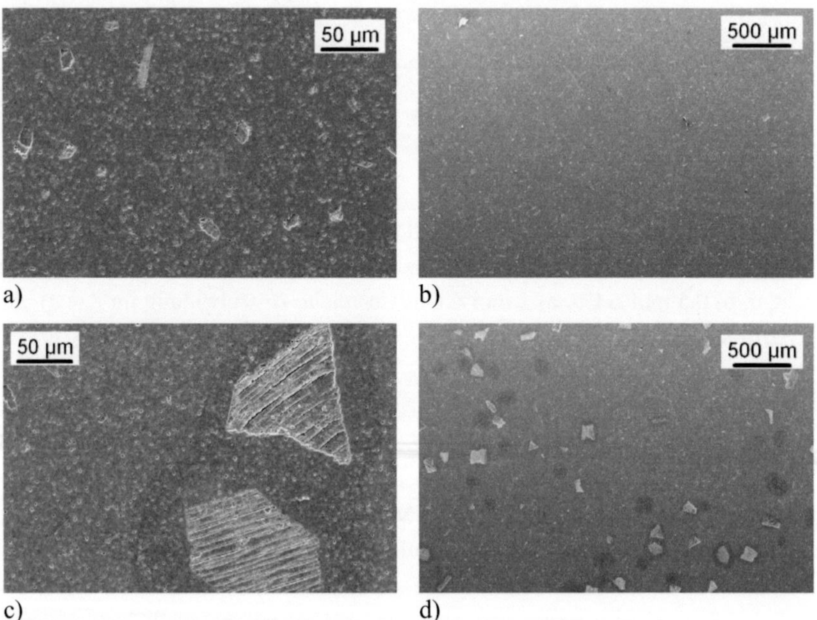

Abb. 4.25: Mikrostruktur der polierten und thermisch geätzten B-reichen KNN Keramiken mit 0,25 mol% Cu-Gehalt, bei 1105°C gesintert: a) und b) 0,5h Haltezeit, c) und d) 2h Haltezeit.

In der Abbildung 4.26 ist die Mikrostruktur einer $K_4Nb_6O_{17}$-ähnlichen Keramik, die bei 1000°C/2h gesintert wurde, dargestellt. Die typische lamellare

Struktur mit Lamellen von 20 μm Breite und über 100 μm lang ist deutlich zu erkennen.

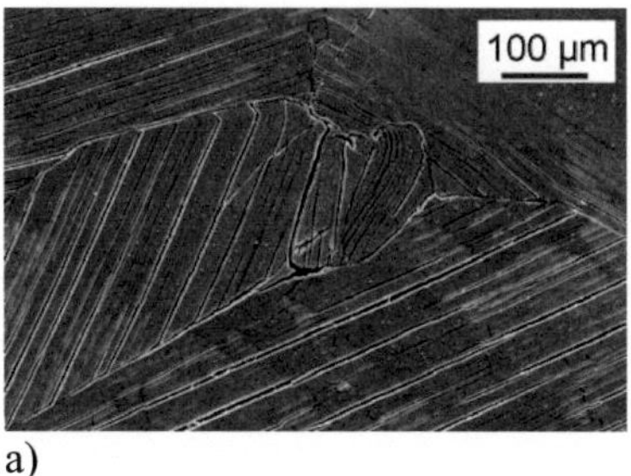

a)

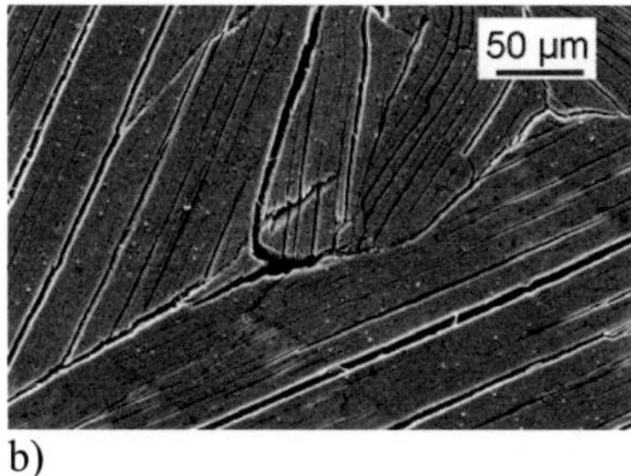

b)

Abb. 4.26: Mikrostruktur einer $K_4Nb_6O_{17}$-ähnlichen Keramik, gesintert bei 1000°C/2h Die Probe ist ca. 95,6% dicht (theoretische Dichte: 3,90 g/cm³).

4.3.5. Elektrische Eigenschaften von B-reichen KNN mit steigenden Cu-Gehalt

4.3.5.1. Dielektrische Eigenschaften

Die relative Permittivität ε_r und die dielektrischen Verluste tan   wurden für die KNN-Cu Zusammensetzungen bei 2 Sintertemperaturen (1067°C und 1080°C/2h) frequenzabhängig gemessen. Im Frequenzbereich von 20Hz bis 1MHz liegen die Werte für die relative Permittivität für alle 4 Zusammensetzungen zwischen 300 und 400. Von den bei 1067°C gesinterten KNN-Cu Keramiken zeigen 3 Proben leichte Leitfähigkeit, wie an den bei niedrigen Frequenzen höher werdenden dielektrischen Verlusten zu sehen ist (Abb. 4.27c). Die Leitfähigkeit zeigt sich auch durch die erhöhte relative Permittivität bei niedriger Frequenz (Abb. 4.27a). Die Probe mit 1 mol% Cu zeigt im Gegensatz dazu lineare Abhängigkeit zwischen relative Permittivität und Frequenz und geringe Verluste über den ganzen Frequenzbereich (Abb. 4.27a und 4.27b).

Bei den mit 1080°C gesinterten KNN –Cu Keramiken zeigen die Permittivitäten und die dielektrischen Verluste tendenziell eine geringere Frequenzabhängigkeit. Die Proben mit 0,25, 0,5 und 1 mol% Cu zeigen fast konstante Werte für die relative Permittivität über den ganzen Frequenzbereich und nur geringe Verluste (Abb. 4.27b und d). Für die Probe mit 2 mol% Cu führt das Sintern bei 1080°C qualitativ zu einem Anstieg der Leitfähigkeit, wie die Kurven der relativen Permittivität und der Verluste bei niedrigen Frequenz zeigen (Abb. 4.27b und d).

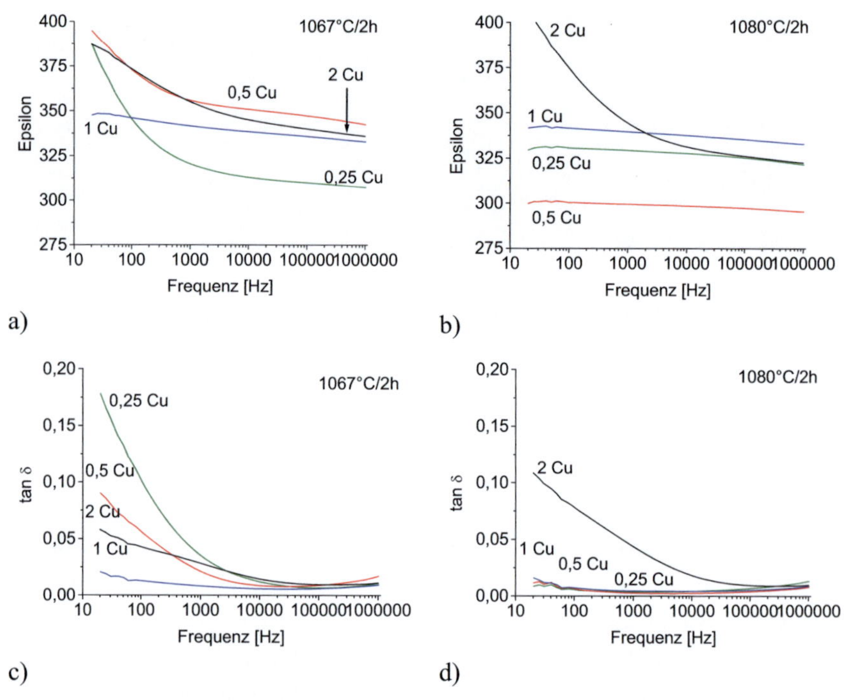

Abb. 4.27: Kleinsignalmessung von den B-reichen KNN Proben mit steigendem Cu-Gehalt, in Abhängigkeit von der Frequenz: a) relative Permittivität für Proben gesintert bei 1067°C/2h., b) relative Permittivität für Proben gesintert bei 1080°C/2h, c) Verlust für Proben gesintert bei 1067°C/2h, d) Verlust für Proben gesintert bei 1080°C/2h.

Bei niedrigen Cu-Gehalt (0,25 und 0,5 mol% Cu) weisen die Proben eine starke Abhängigkeit der dielektrischen Größen von der Sintertemperatur auf. Da bei niedrigerer Sintertemperatur ihre Dichte kleiner ist als bei höherer Sintertemperatur, kann darin ein Grund für diese Abhängigkeit liegen. Für die Probe mit 1 mol% Cu sind die gemessenen Größen, unabhängig davon ob bei 1067°C oder 1080°C gesintert wurde, ungefähr gleich. Zwar steigt auch für diese Zusammensetzung die Dichte mit zunehmender Sintertemperatur, doch ist bereits bei 1067°C ein hinreichend hohes Dichteniveau erreicht, um ein Leitfähigkeit in Folge offener Porosität zu vermeiden. Die Probe mit 2 mol% Cu zeigte für beide Sintertemperaturen Leitfähigkeit, wobei diese für höhere Sintertemperaturen sogar noch höher ist. Diese Proben sind aber gleich dicht. Daher liegt die Ursache für die Leitfähigkeit dieser Keramiken eher an den Eigenschaften der Korngrenzenphase, wo sich die seltenen Kupferoxide Verbindungen sich einlagert haben können.

4.3.5.2. Polarisation und Dehnung bei hohen Feldstärken

An den KNN-Cu Keramiken wurden Polarisationsmessungen unter bipolarer Ansteuerung mit Feldstärken bis 3kV/mm bei Frequenzen von ca. 10 mHz durchgeführt. Die Hysteresen bei der Messung der Polarisation sind typisch für ferroelektrische Materialien. Sowohl die Höhe der Polarisation als auch die Form der Polarisationskurven ist jedoch stark abhängig von der Zusammensetzung und von der Sintertemperatur. Für die Proben mit 0,25 und 0,5 mol% Cu führt ein Sintern bei 1067°C zu hohen Werten der Polarisation. Die Proben weisen eine remanente Polarisation von 0,27 und 0,23 C/m² und eine Koerzitivfeldstärke von 1,30 und 1,31 kV/mm auf. Die Proben mit höherem Cu-Gehalt zeigen eine ähnliche Koerzitivfeldstärke aber haben eine geringere remanente Polarisation, 0,05 C/m² für 1 mol% Cu und 0,08 C/m² für 2 mol% Cu (Abb. 4.28a). Bei KNN-Cu, gesintert bei 1080°C, ändert sich das Verhalten für 1 mol% Cu kaum; die Keramik mit 0,5 mol% Cu weist jetzt ein ähnliches Verhalten auf. Die Polarisation ist im Vergleich zu der bei 1067°C gesinterten Keramik deutlich reduziert. Die Probe mit 0,25 mol% Cu zeigt tendenziell ein ähnliches Verhalten: die remanente Polarisation fällt mit steigender Sintertemperatur (Abb. 4.28b).

Zusätzlich zu den Niveaus der Polarisation bestehen auch wesentliche Unterschiede hinsichtlich der Form der Polarisationskurven. Bei den Materialien mit hohen remanenten Polarisationen bilden sich die typischen Hystereseschleifen aus. Die Kurven sind jedoch in allen Fällen nicht ganz abgeschlossen. Bei den Materialien mit niedriger remanenten Polarisation werden die Kurven flacher und zeigen eine Einschnürung bei niedrigen Feldstärken (Abb. 4.28a und 4.28b).

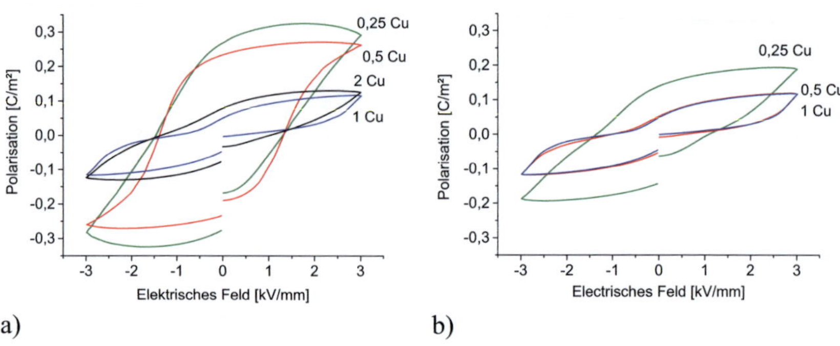

a)   b)

Abb. 4.28: a) Polarisation der Proben, gesintert bei 1067°C/2h, b) Polarisation der Proben, gesintert bei 1080°C/2h.

Im Anschluss an die bipolare Polung bei 3 kV/mm wurden die Dehnungen in der Feldrichtung bei unipolarer Belastung bis 5 kV/mm gemessen. Aus diesen Daten wurde der piezoelektrische Dehnungskoeffizient d_{33}* berechnet (d_{33}* = Dehnung/Feld). Ein Beispiel für das feldabhängige Dehnungsverhalten ist in der Abbildung 4.29a dargestellt. Die bei 1067°C gesinterte Probe mit 1 mol% Cu erreichte vergleichsweise hohe d_{33}*-Werte. Die Dehnungskoeffizienten nehmen mit der Feldstärke von 123 pm/V bei 2 kV/mm auf 157 pm/V bei 5 kV/mm zu (Abb. 4.29a). Bei hoher Feldstärke wird der extrinsische Beitrag größer, deshalb ist auch die Dehnung größer. In Abbildung 4.29b sind die d_{33}*-Werte für aller Zusammensetzungen für 3 kV/mm graphisch in Abhängigkeit von der Sintertemperatur dargestellt. Für die Zusammensetzungen mit 0,25 und 0,5 mol% wurden auch die Werte bei 1092°C und 1105°C eingetragen. Allgemein werden für jede der Zusammensetzungen höhere Dehnungen für dichtere Proben erreicht. Eine Ausnahme bildet die bei 1030°C gesinterte Probe mit 0,25 mol% Cu. Für Sintertemperaturen zwischen 1080°C und 1105°C erreichen die Proben mit 0,25 und 0,5 mol% Cu d_{33}*-Werte zwischen 142 und 154 pm/V bzw. 146 und 158 pm/V. Diese Werte sind deutlich größer als die typischen Werte von 80-110 pm/V, die für undotiertes und Cu-dotiertes stöchiometrisches KNN bis jetzt veröffentlicht wurden [Röd09], [Ahn08]. Die Proben mit 1 mol% Cu weisen für Sintertemperaturen von 1055°C bis 1080°C d_{33}*-Werte zwischen 133 und 144 pm/V auf. Die höchsten Dehnungen können somit für KNN-Cu mit geringen Dotierungsgehalten (0,25 und 0,5 mol% Cu) realisiert werden, sofern mit hinreichend hohen Sintertemperaturen eine genügend hohe Dichte erreicht wird. Wird hingegen bei vergleichsweise niedrigen Temperaturen gesintert, sind die Dehnungen bei mit 1 und 2 mol% Cu dotierten Zusammensetzungen höher als bei den Keramiken mit geringen Cu-Gehalten.

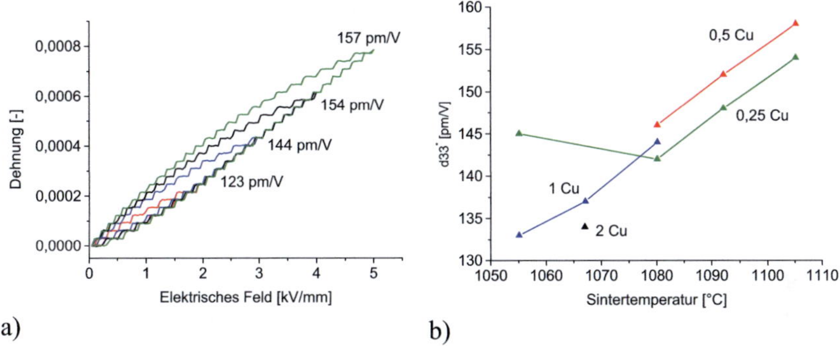

Abb. 4.29: a) Unipolare Dehnung von der Probe mit 1 mol% Cu, gesintert bei 1080°C/2h und b) Dehnungskoeffizient d_{33}* in Abhängigkeit von der Sintertemperatur bei 3 kV/mm.

4.4. Sekundärphasen

In KNN und KNN-Cu mit B-Platz Überschuss können verschiedene Alkali Niobate als Sekundärphasen gebildet werden. Um die Auswirkungen der Sekundärphasen auf die Eigenschaften der KNN-Cu Keramiken einschätzen zu können, wurden Materialien von zwei Typen von Alkali Niobaten, $K_4Nb_6O_{17}$ und $K_4CuNb_8O_{23}$, die in den KNN und KNN-Cu Keramiken mit B-Platz Überschuss identifiziert werden konnten, in reiner Form synthetisiert (Tab. 4.7). Während in $K_4CuNb_8O_{23}$ Kupfer mit einem Kationenanteil von ca. 7% einen integralen Bestandteil der Struktur bildet, wurden den Zusammensetzungen vom $K_4Nb_6O_{17}$ Typ geringe Mengen an Cu als Dotierung $K_4(Nb_{5,99} Cu_{0,01})O_{16,985}$ zugegeben. Beide Typen dieser Alkali Niobate wurden jeweils als reine K- Verbindung und als $K_{0,8}$-$Na_{0,2}$ bzw. $K_{0,5}$-$Na_{0,5}$ Mischkristallverbindungen angesetzt. Dieses Kapitel befasst sich mit den Eigenschaften dieser Materialien.

In KNN identifizierte Verbindungen	Synthetisierte Keramiken
$K_4Nb_6O_{17}$	$K_4(Nb_{5,99} Cu_{0,01}) O_{16,985}$
$K_4Nb_6O_{17}$	$(K_{0,5} Na_{0,5})_4 (Nb_{5,99} Cu_{0,01}) O_{16,985}$
$K_4CuNb_8O_{23}$	$K_4CuNb_8O_{23}$
$K_4CuNb_8O_{23}$	$(K_{0,8} Na_{0,2})_4 Cu Nb_8 O_{23}$

Tab. 4.7: Synthetisierte Keramiken im Vergleich mit den im KNN identifizierten Verbindungen.

4.4.1. Röntgenanalyse der kalzinierten Pulver

Sekundärphasen vom $K_4Nb_6O_{17}$ Typ:
Das kalzinierte $K_4(Nb_{5,99} Cu_{0,01})O_{16,985}$ Pulver hat die Struktur von $K_4Nb_6O_{17}$ (JCPDS 76-0977) (Abb. 4.30a). Die Substitution von 0,01 mol Niob durch Kupfer zeigt dabei keinen signifikanten Einfluss auf die Struktur oder die Bildung von Sekundärphasen. Wird Kalium durch Natrium substituiert, bildet sich hingegen nicht $(K_{0,5} Na_{0,5})_4(Nb_{5,99} Cu_{0,01})O_{16,985}$, sondern ein Pulver mit der Struktur von $K_6Nb_{10,8}O_{30}$ (JCPDS 70-5051). Das Gitter $K_4Nb_6O_{17}$ kann sich mit Anteilen von 50% Kalium und 50% Natrium nicht bilden (Abb. 4.30b). Das im Vergleich zu der eingewogenen Zusammensetzung $(K_{0,5} Na_{0,5})_4(Nb_{5,99} Cu_{0,01})O_{16,985}$ in der Struktur von $K_6Nb_{10,8}O_{30}$ geringere Verhältnis Alkali zu Niob (6:10,8 gegenüber 4:6) muss wegen der

Massenbilanz die Bildung eine weiteren, alkalireicheren Verbindung zu Folge haben, die dieses Verhältnis für die ganze Keramik ausgleicht (z.B. $(K_{0,1} Na_{0,9})NbO_3$). Diese ist aus den Diffraktogrammen jedoch nicht identifizierbar, da die Reflexe vieler der in Frage kommenden Verbindungen, wie $(K_{0,1} Na_{0,9})NbO_3$ mit denen von $K_6Nb_{10,8}O_{30}$ überlappen.

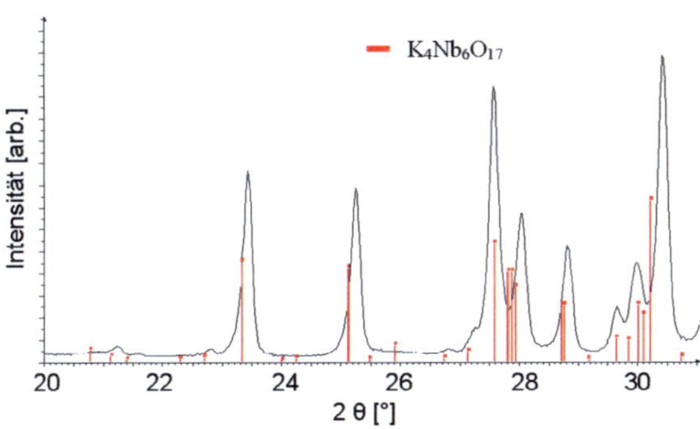

a) $K_4 (Nb_{5,99} Cu_{0,01}) O_{16,985}$

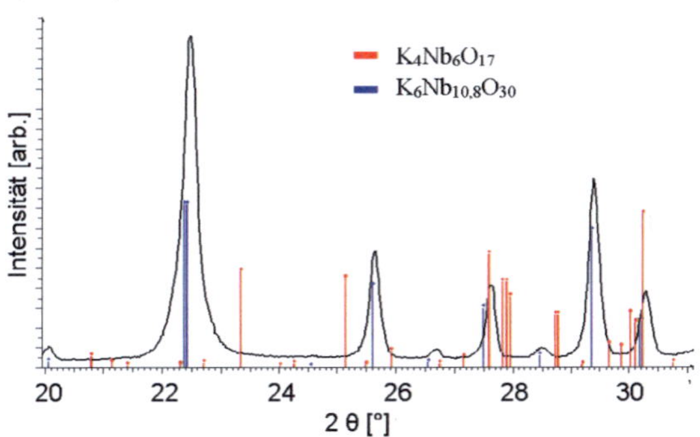

b) $(K_{0,5} Na_{0,5})_4 (Nb_{5,99} Cu_{0,01}) O_{16,985}$

Abb. 4.30: Partielle Röntgendiffaktogramme für 2θ von 20° bis 31° mit Balken von $K_4Nb_6O_{17}$ (JCPDS 76-0977) und von $K_6Nb_{10,8}O_{30}$ (JCPDS 70-5051) als Referenzen zur Identifizierung: a) $K_4 (Nb_{5,99} Cu_{0,01}) O_{16,985}$ und b) $(K_{0,5} Na_{0,5})_4$ $(Nb_{5,99} Cu_{0,01}) O_{16,985}$.

Sekundärphasen vom $K_4CuNb_8O_{23}$ Typ:

Das Röntgendiffraktogramm des kalzinierten $K_4CuNb_8O_{23}$ Pulvers zeigt alle wesentlichen Reflexe gemäss (JCPDS 41-0482) (Abb. 4.31a). Ausser diesen zu $K_4CuNb_8O_{23}$ passenden Reflexen sind keine weiteren Reflexe im

Diffraktogramm erkennbar. Die Struktur von $K_4CuNb_8O_{23}$ bleibt erhalten, wenn 20% des Kaliums durch Natrium substituiert werden (Abb. 4.31b). Die 20 mol% Natrium führen, in Folge des im Vergleich zu K geringeren Ionenradius von Na, zu einer leichten Verschiebung der Reflexe zu höheren Winkeln.

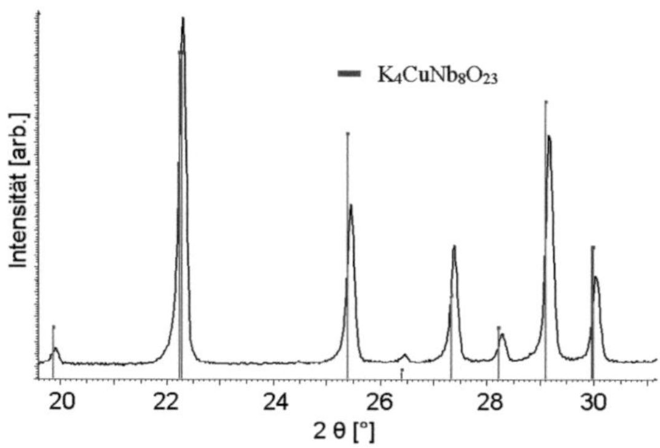

a) $K_4CuNb_8O_{23}$

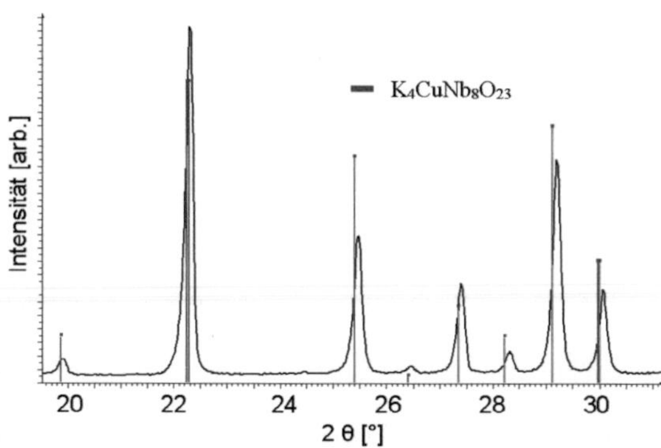

b) $(K_{0,8}Na_{0,2})_4CuNb_8O_{23}$

Abb. 4.31: Partielle Röntgendiffaktogramme für 2θ von 20° bis 31° mit Balken von $K_4CuNb_8O_{23}$ (JCPDS 41-0482) als Referenz zur Identifizierung: a) $K_4CuNb_8O_{23}$ und b) $(K_{0,8}Na_{0,2})_4CuNb_8O_{23}$.

4.4.2. Sinterverhalten und Dichte der Sekundärphasen

4.4.2.1. Dilatometrische Untersuchungen

Sekundärphasen vom $K_4Nb_6O_{17}$ Typ:

$K_4(Nb_{5,99} Cu_{0,01}) O_{16,985}$ beginnt bei $T_0=901°C$ zu sintern und erreicht seine maximale Schwindungsrate (-)0,11%/°C bei 1002°C (Abb. 4.32b und Tab. 4.8). Bei $T_f=1071°C$ ist das Sintern abgeschlossen. Im Vergleich dazu fängt das Sintern der kalzinierten $(K_{0,5} Na_{0,5})_4 (Nb_{5,99} Cu_{0,01}) O_{16,985}$ Pulvermischung erst bei wesentlich höherer Temperatur ($T_0=1033°C$) an (Abb. 4.32b und Tab. 4.8). Bis zur maximalen Versuchstemperatur von 1100°C wird ein Sintermaximum nicht erreicht.

Sekundärphasen vom $K_4CuNb_8O_{23}$ Typ:

$K_4CuNb_8O_{23}$ beginnt bei $T_0=918°C$ (Abb. 4.32b und Tab. 4.8) zu sintern und weist eine schnelle Verdichtung (Abb. 4.32a) mit einer maximalen Schwindungsrate von (-) 0,19%/°C bei 1018°C (Abb. 4.32b) auf. Diese Zusammensetzung beginnt bei ähnlichen Temperaturen wie $K_4 (Nb_{5,99} Cu_{0,01}) O_{16,985}$ zu sintern, verdichtet aber deutlich besser.

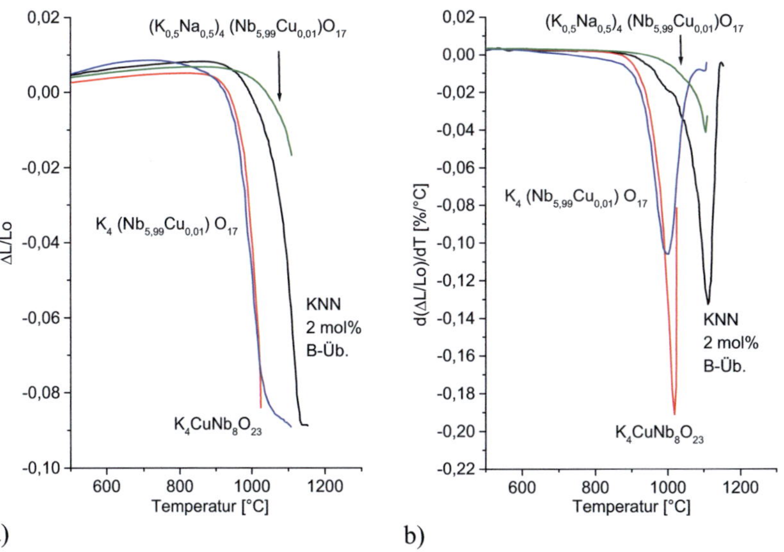

Abb. 4.32: Dilatometrische Kurven von Sekundärphasen und B-reichen KNN (als Referenz): a) Schwindung und b) Schwindungsrate.

Im Vergleich zum KNN mit 2 mol% B-Überschuss beginnen K_4 ($Nb_{5,99}$ $Cu_{0,01}$) $O_{16,985}$ und $K_4CuNb_8O_{23}$ bei deutlich niedrigerer Temperaturen (49 bis 66°C Unterschied) zu sintern. Sie erreichen ungefähr 100°C früher ihre maximale Schwindungsrate und das Sintern von K_4 ($Nb_{5,99}$ $Cu_{0,01}$) $O_{16,985}$ ist schon abgeschlossen, wenn das B-reiche KNN die höchsten Verdichtungsraten erreicht (1071°C vs. 1112°C). Da K_4 Nb_6 O_{17} im B-reichen KNN gefunden wurde, könnte diese Sekundärphase zum Sintern von B-reichem KNN beitragen.

	KNN-2B	$K_4CuNb_8O_{23}$	$K_4(Nb_{5,99}Cu_{0,01})$ $O_{16,985}$	$(K_{0,5}Na_{0,5})_4$ $(Nb_{5,99}Cu_{0,01})$ $O_{16,985}$
T_0 [°C]	967	918	901	1033
T_{Smax} [°C]	1112	1018	1002	1105 (?)
T_f [°C]	1142	-	1071	-
$\Delta T = T_f - T_0$ [°C]	175	-	170	-

Tab. 4.8: Dilatometrischen Messungen der Sekundärphasen und KNN-2B als Vergleich: T_0: Temperatur des Sinteranfangs, T_{Smax}: Temperatur der maximalen Schwindungsrate, T_f: Temperatur, bei der die Verdichtung aufhört und $\Delta T_s = T_f - T_0$: Temperaturbereich des Sinterns.

4.4.2.2. Drucklose Sinteruntersuchungen

Sekundärphasen vom $K_4Nb_6O_{17}$ Typ:

Die Dichten der Alkali Niobat Mischungen $K_4(Nb_{5,99}$ $Cu_{0,01})O_{16,985}$ und $(K_{0,5}Na_{0,5})_4$ $(Nb_{5,99}Cu_{0,01})O_{16,985}$ nach dem Sintern im Temperaturbereich zwischen 930°C und 1115°C sind in Abbildung 4.33a dargestellt. $K_4(Nb_{5,99}Cu_{0,01})O_{16,985}$ verdichtet gleichwertig für Sintertemperaturen zwischen 940°C und 1105°C/2h mit Dichten von 3,67 bis 3,74 g/cm³. Diese entsprechen relativen Dichten von 95,6 bis 95,9%. Die Na enthaltende Zusammensetzung mit der Einwaage gemäss $(K_{0,5}Na_{0,5})_4(Nb_{5,99}Cu_{0,01})O_{16,985}$ zeigt hingegen eine deutliche Abhängigkeit von der Sintertemperatur. Bei niedrigen Temperaturen bleiben die Dichten in diesem Material sehr gering (3,14 g/cm³ bei 1000°C/2h). Mit steigender Sintertemperatur steigt die Dichte bis 4,19 g/cm³ für 1105°C/2h Werden die Dichten dieser Keramiken auf die theoretische Dichte von $K_6Nb_{10,8}O_{30}$ bezogen, ergeben sich relative Dichten von 68,7% (1000°C) bis 91,7% (1105°C).

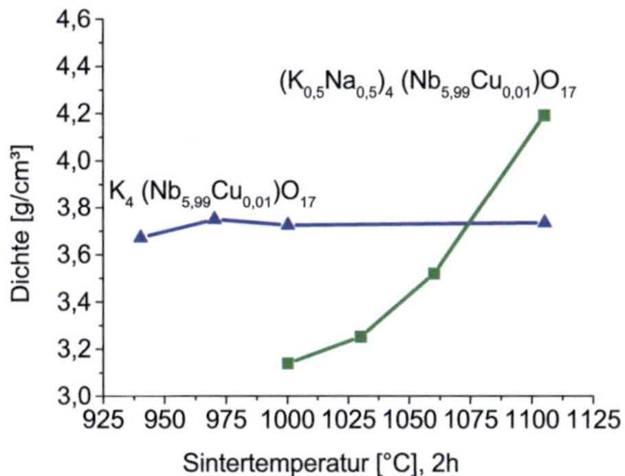

a)

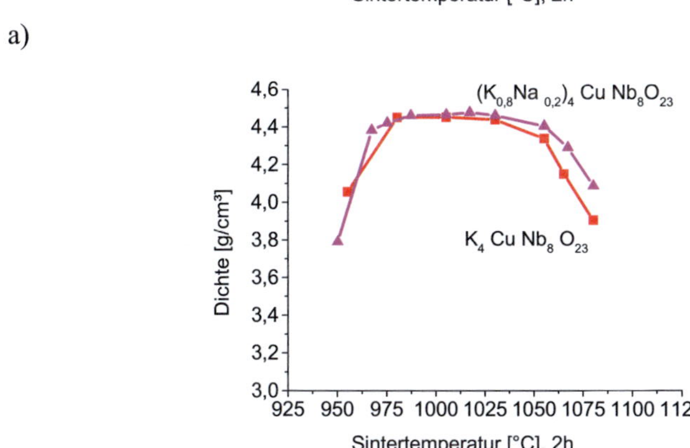

b)

Abb. 4.33: Dichte der Sekundärphasen als Keramik in Abhängigkeit von der Sintertemperatur. Die theoretischen Dichten liegen bei 4,47 g/cm³ für $K_4CuNb_8O_{23}$, 4,568 g/cm³ für $K_6Nb_{10,8}O_{30}$ und 3,898 g/cm³ für $K_4Nb_6O_{17}$: a) K_4 ($Nb_{5,99}$ $Cu_{0,01}$) $O_{16,985}$ und ($K_{0,5}$ $Na_{0,5}$)$_4$ ($Nb_{5,99}$ $Cu_{0,01}$) $O_{16,985}$ und b) $K_4CuNb_8O_{23}$ und ($K_{0,8}$ $Na_{0,2}$)$_4CuNb_8O_{23}$.

Sekundärphasen vom $K_4CuNb_8O_{23}$ Typ:

Die Entwicklung der Sinterdichten für die $K_4CuNb_8O_{23}$ und ($K_{0,8}$ $Na_{0,2}$)$_4CuNb_8O_{23}$ Keramiken sind in Abbildung 4.33b gezeigt. Für $K_4CuNb_8O_{23}$ führt das Sintern bei 955°C/2Std. zu einer niedrigen Dichte von 4,06 g/cm³. Bei einer 25°C höheren Sintertemperatur (970°C) erreichen die Werte für die Dichten ein Plateau mit Werten zwischen 4,44 g/cm³ (1030°C) und 4,45 g/cm³ (1005°C). Für noch höhere Sintertemperaturen nehmen die

Dichten der Keramiken wieder deutlich ab (Abb. 4.33b). Bei $(K_{0,8}Na_{0,2})_4CuNb_8O_{23}$ unterscheidet sich der Dichteverlauf kaum. Nach Sintern bei 950°C/2h erreicht die Probe 3,79 g/cm³. Für Sintertemperaturen ab 975°C sind die Dichte höher als 4,42 g/cm³ und zwischen 987°C und 1030°C bleiben die Dichte konstant bei 4,46 – 4,48 g/cm³. Ab 1030°C nehmen die Dichten langsamer als bei $K_4CuNb_8O_{23}$ ab. Natrium scheint die Kurve der Dichte leicht zu höheren Temperaturen hin zu verschieben.

4.4.3. Mikrostruktur der Sekundärphasen

Sekundärphasen vom $K_4Nb_6O_{17}$ Typ:
$K_4(Nb_{5,99}\ Cu_{0,01})O_{16,985}$ weist nach Sintern bei 970°C/2h eine feinkörnige Mikrostruktur mit Korngröße bis 4µm auf (Abb. 4.34a). Nach Sintern bei 1000°C/2h ist die Mikrostruktur von $K_4(Nb_{5,99}\ Cu_{0,01})O_{16,985}$ durch orientierte Cluster mit lamellenartigen Strukturen gekennzeichnet. Diese Cluster sind extrem groß mit typischen Längen von 450µm bis 650µm (Abb. 4.34b). Längs der Lamellen wird dabei eine Vielzahl von Rissen gebildet. Die Mikrostruktur von $K_4(Nb_{5,99}\ Cu_{0,01})O_{16,985}$ zeigt die gleiche Charakteristik wie die im B-reichen KNN (undotiert und mit 0,25 mol% Cu dotiert) gefundenen Cluster. Eine vollkommen andere Mikrostruktur weist die Keramik auf, die aus der Pulvermischung mit der Zusammensetzung $(K_{0,5}\ Na_{0,5})_4\ (Nb_{5,99}\ Cu_{0,01})\ O_{16,985}$ hergestellt wurde. In dieser Keramik ist die Mikrostruktur bei 1030°C/2h feinkörnig mit Korngrößen bis 1µm (Abb. 4.34c). Da trotz der formal ähnlichen Einwaage eine andere Gitterstruktur entsteht und zudem beim Sintern nur geringe Dichten erreicht werden, sind auch die Mikrostrukturen deutlich verschieden.

a)

b)

c)

Abb. 4.34: Mikrostruktur der ungeätzten Keramiken: a) K_4 ($Nb_{5,99}$ $Cu_{0,01}$) $O_{16,985}$ (970°C/2h), b) K_4 ($Nb_{5,99}$ $Cu_{0,01}$) $O_{16,985}$ (1000°C/2h) und c) ($K_{0,5}$ $Na_{0,5}$)$_4$ ($Nb_{5,99}$ $Cu_{0,01}$) $O_{16,985}$ (1030°/2h)

Sekundärphasen vom $K_4CuNb_8O_{23}$ Typ:

Die Entwicklung der Mikrostruktur von $K_4CuNb_8O_{23}$ Keramiken, die im Temperaturbereich zwischen 955°C und 1105°C gesintert wurden, ist anhand von REM- Aufnahmen thermisch geätzter Oberflächen in Abbildung 4.35 dargestellt. Nach der Sinterung bei 955°C/2h sieht die Probe porös (ρ=4,06 g/cm³) aus und die Mikrostruktur ist feinkörnig mit polyedrischen Körnern von unter 500nm bis 2µm (Abb. 4.35a). Bei der bei 1005°C/2h gesinterten dichten

Probe (4,45 g/cm³) sind nur wenige Poren zu finden. Diese Keramik weist Korngröße von unter 500nm bis 8µm auf (Abb. 4.35b). Nur ein Teil der Körner ist dabei größer geworden, der andere Teil ist klein geblieben. Die gewachsenen Körner scheinen bei diesem Schritt nicht gleichmäßig, sondern anisotrop, gewachsen zu sein. Nach Sinterung bei 1080°C/2h ist das Material weniger dicht (3,96 g/cm³) als bei 1005°C und nur noch ein kleiner Anteil der Körner unter 1µm bleibt übrig. Die anderen Körner wachsen in Form von Nadeln, die bis 8-10µm lang sind. Im Vergleich zur Mikrostruktur bei 1005°C sind die großen Körner nicht größer sondern treten nur häufiger auf (Abb. 4.35c). Wird dieses Material bei hoher Sintertemperatur (1105°C) gesintert, wachsen nahezu alle Körner nadelförmig wobei die Verdichtung wesentlich schlechter ist (Abb. 4.35d). Möglicherweise bildet sich eine Flüssigphase.

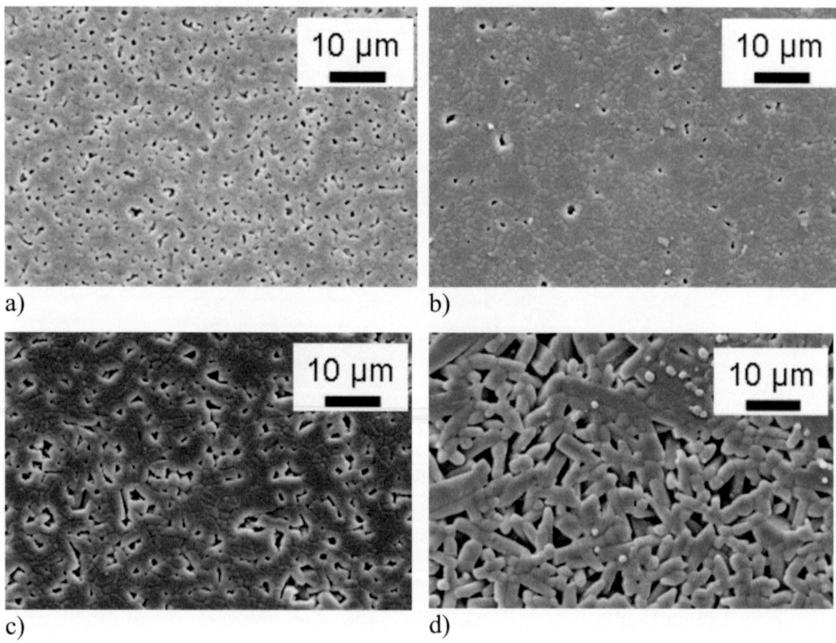

Abb. 4.35: Mikrostruktur der polierten, thermisch geätzten $K_4CuNb_8O_{23}$ Keramiken: a) bei 955°C/2h gesintert, b) bei 1005°C/2h gesintert, c) bei 1080°C/2h gesintert und d) bei 1105°C/2h gesintert.

Ein Vergleich der Mikrostrukturen von $K_4CuNb_8O_{23}$ und $(K_{0,8}Na_{0,2})_4CuNb_8O_{23}$ nach Sintern bei 1080°C/2h wird anhand der Abbildungen 4.36a und 4.36b vorgenommen. Das Gefüge von $K_4CuNb_8O_{23}$ besteht aus kleineren, isotrop gewachsenen Körnern und größeren, anisotrop gewachsenen Körnern (Abb. 4.36a). Die Probe ist in diesem Zustand relativ porös (85,5%). Die Substitution von Kalium durch 20% Natrium führt zu einem dichteren Gefüge (89,5%) mit Korngrößen von ungefähr 0,5µm bis 6 µm. Vereinzelt sind Körner mit einer nadelförmigen Morphologie zu erkennen (Abb. 4.36b). Die Mikrostrukturen von $K_4CuNb_8O_{23}$ und $(K_{0,8}Na_{0,2})_4CuNb_8O_{23}$ nach Sintern bei 1080°C/2h sind demnach ähnlich; in der Zusammensetzung ohne Natrium hat das Gefüge jedoch einen etwas fortgeschrittenen Sinterzustand erreicht.

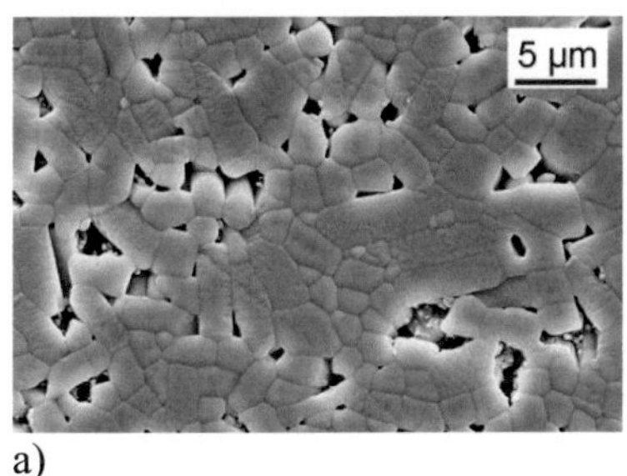

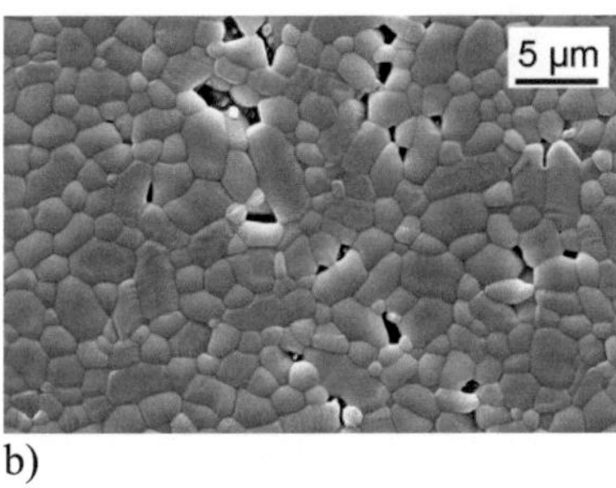

a)   b)

Abb. 4.36: Mikrostruktur der polierten und thermisch geätzten Keramiken, bei 1080°C/2h gesintert: a) $K_4CuNb_8O_{23}$ und b) $(K_{0,8}Na_{0,2})_4CuNb_8O_{23}$.

4.4.4. Elektrische Eigenschaften von Zusammensetzungen der $K_4CuNb_8O_{23}$ Struktur

4.4.4.1. Dielektrische Messung

Die Proben aus $K_4CuNb_8O_{23}$ zeigen für Sintertemperaturen zwischen 955°C/2h und 1055°C/2h über den ganzen Frequenzbereich konstante Werte der relativen Permittivität von 180 bis 205 (Abb. 4.37a und b). Die dichteren Proben erreichen die höchsten relativen Permittivitäten und die geringsten dielektrischen Verluste mit Werten unter 0,025 (20Hz, 1055°C/2h) (Abb. 4.37c und d). Bei höheren Sintertemperaturen (1065°C – 1080°C) nehmen die relative Permittivitäten bei steigender Frequenz ab (Abb. 4.37a und b) und die Verluste sind bei 20Hz deutlich größer als bei höheren Frequenzen (0,2 im

Vergleich zu maximal 0,038), was auf erhöhte elektrische Leitfähigkeit hindeutet (Abb. 4.37c und d).

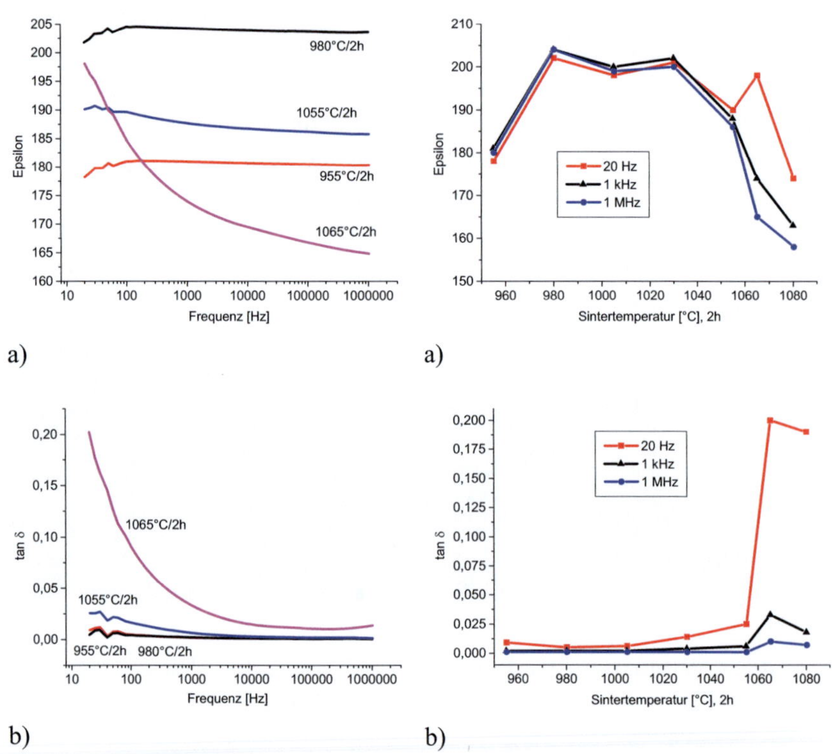

Abb. 4.37: Dielektrische Eigenschaften von $K_4CuNb_8O_{23}$ Keramiken in Abhängigkeit von der Sintertemperatur: a) relative Permittivität ε_r und b) Verlust tanδ.

Für die Natrium haltigen Zusammensetzungen $(K_{0,8}Na_{0,2})_4CuNb_8O_{23}$ weist die porösere Probe (950°C/2h) eine niedrige relative Permittivität mit einem Wert von ungefähr 170 auf. Bei erhöhten Sintertemperaturen bis 1080°C/2h sind diese Werte höher (220 – 232) und ebenfalls annährend unabhängig von der Frequenz (Abb. 4.38a). Die Verluste sind niedrig mit maximalen Werten um 0,018 bei 20Hz für 1080°C/2h (Abb. 4.38b). Im Vergleich zu der Na-freien Zusammensetzung bleibt das dielektrische Verhalten unabhängig von der

Sintertemperatur in dem Bereich 950°C – 1080°C fast gleich. Die Substitution von 20% Natrium für Kalium führt somit auch bei hohen Sintertemperaturen zu einer wenigen leitenden Keramik.

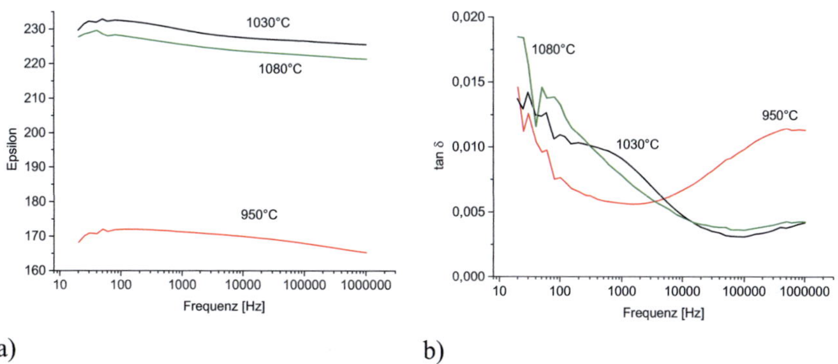

Abb. 4.38: Dielektrische Eigenschaften von $(K_{0,8} Na_{0,2})_4CuNb_8O_{23}$ Keramiken in Abhängigkeit von der Sintertemperatur: a) relative Permittivität ε_r und b) dielektrische Verluste tanδ.

4.4.4.2. Messung der Polarisation

Die Unterschiede bei der Messung der dielektrischen Eigenschaften zwischen $K_4CuNb_8O_{23}$ und $(K_{0,8} Na_{0,2})_4CuNb_8O_{23}$ zeigen sich auch bei der Messung der Polarisation. Die wenig leitenden Proben aus $K_4CuNb_8O_{23}$ (955°C bis 1055°C) weisen eine für ideales Dielektrikum typische Polarisationskurve (flache Zyklus) mit einer maximalen Polarisation von 0,0085 C/m² bei 4 kV/mm (Abb. 4.39a) auf. Für Sintertemperaturen ab 1065°C/2h zeigt die Polarisationskurve einen sehr offenen Verlauf mit einer maximalen Polarisation über 0,15 C/m², die nicht bei der maximalen Feldstärke erreicht wird, was wiederum auf elektrische Leitfähigkeit hindeutet (Abb. 4.39a). Dagegen weist die Zusammensetzung $(K_{0,8}Na_{0,2})_4CuNb_8O_{23}$ auf ein gleichmäßiges Verhalten mit einer maximalen Polarisation von 0,0095 C/m² bei 4 kV/mm auf (Abb. 4.39b). Dies deutet wieder auf die geringe elektrische Leitfähigkeit dieser Zusammensetzung hin, selbst wenn sie bei hohen Temperaturen gesintert wird.

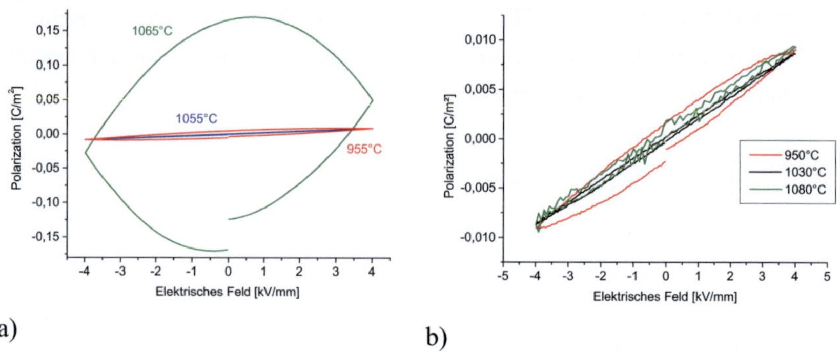

a)   b)

Abb. 4.39: Polarisationskurven von $K_4CuNb_8O_{23}$ Keramiken in Abhängigkeit von der Sintertemperatur, gemessen bei 4 kV/mm: a) $K_4CuNb_8O_{23}$ und b) $(K_{0,8} Na_{0,2})_4CuNb_8O_{23}$

4.5. KNN-Cu mit 2 mol% Kupferdotierung und verschiedenen A/B Verhältnissen

Bei niedrigen Cu-Gehalten unterhalb der Löslichkeitsgrenze substituiert Cu^{2+} im KNN Gitter Nb^{5+} auf dem B-Platz. Wird eine Zusammensetzung auf der Grundlage, dass Cu den B-Platz einnimmt, berechnet und eingewogen, so kann die beabsichtigte Stöchiometrie in Bezug auf das A/B Verhältnis weitgehend realisiert werden. Der Einfluss von Cu auf die Bildung von Sekundärphasen ist deshalb gering. Bei höheren Gehalten an Kupfer wird hingegen die Löslichkeitsgrenze überschritten. Die Auswirkungen eines solchen Cu-Überschusses wurden anhand von vier Zusammensetzungen mit verschiedenen A/B Stöchiometrien bei einem Dotierungsniveau von 2 mol% Cu untersucht. Die nominellen Zusammensetzungen dieser KNN-Cu Materialien sind in Tab. 4.9 angegeben. Die Charakterisierung der Stöchiometrie wird dabei jeweils auf den (theoretischen) Fall bezogen, dass 2 mol% Cu vollständig auf dem B-Platz eingebaut werden und ist nur als nominelle Angabe zu verstehen.

2 mol% A-Üb., 2 mol% Cu	$(K_{0,5} Na_{0,5})_{1,02} (Nb_{0,98} Cu_{0,02}) O_{2,98}$
Stöchiometrisch, 2 mol% Cu	$(K_{0,5} Na_{0,5}) (Nb_{0,98} Cu_{0,02}) O_{2,97}$
2 mol% B-Üb., 2 mol% Cu	$(K_{0,5} Na_{0,5})_{0,98} (Nb_{0,98} Cu_{0,02}) O_{2,96}$
6 mol% B-Üb., 2 mol% Cu (siehe Kap. 4.3)	$(K_{0,5} Na_{0,5})_{0,96} (Nb\ Cu_{0,02}) O_3$

Tab. 4.9: Nominelle KNN Zusammensetzungen mit 2 mol% Kupferdotierung und verschiedenen A/B Verhältnissen.

Charakteristisch für KNN-Cu mit 2 mol% Cu sind geringe, mit zunehmender Sintertemperatur im Bereich zwischen 1035°C und 1080°C tendenziell abnehmende Dichten für alle Materialien mit Ausnahme der Zusammensetzung mit hohem B-Platz Überschuss (Abb. 4.40a). Insbesondere für die stöchiometrische Zusammensetzung liegen die Dichten im gesamten Sintertemperaturbereich bei Werten von weniger als 4,05 g/cm^3 (89,8%). Sehr hohe Dichten werden hingegen mit KNN-Cu bei hohem B-Platz Überschuss und 2 mol% Cu Dotierung erreicht. Dieses Material verdichtet bereits bei niedrigen Sintertemperaturen auf eine Dichte von über 4,3 g/cm^3 und zeigt bei Erhöhung der Sintertemperatur nahezu gleichbleibende Dichten. Die Masseverluste sind für die Alkalireiche und die stöchiometrische Zusammensetzung mit Werten im Bereich von 0,8 bis 1,2 % relativ hoch; für die Zusammensetzungen mit B-Platz Überschuss weisen die Werte für die Masseverluste ähnliche Werte wie für B-Platz reiches KNN mit geringeren Cu-Gehalten auf (Abb. 4.40b).

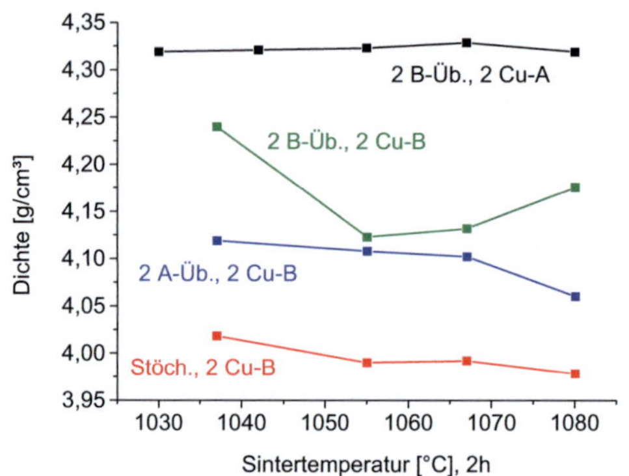

a)

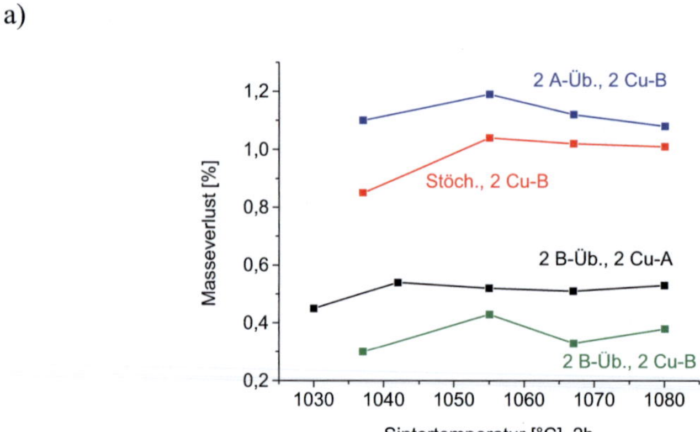

b)

Abb. 4.40: a) Dichte und b) Masseverluste der KNN-Cu Keramiken mit 2 mol% Cu nach Sinterung im Temperaturbereich zwischen 1030°C und 1080°C.

Ausschnitte aus den Röntgendiffraktogrammen der KNN-Cu Keramiken sind in Abbildung 4.41 dargestellt. In den KNN Keramiken mit 2 mol% Cu bilden sich unterschiedliche Sekundärphasen, je nach dem welches nominelle A/B Verhältnis vorliegt. Nach Sintern bei 1067°C/2h zeigen die Diffraktogramme von KNN-Cu mit stöchiometrischer Zusammensetzung deutliche Reflexe von CuO im Bereich von 35,5° und 38,7°. Auch KNN-Cu mit A- und B-Überschuss enthählt CuO als Sekundärphase. Ausser den CuO-Reflexen deutet das Röntgendiffraktogramm der stöchiometrischen Zusammensetzung auf die Bildung von $CuNb_3O_8$ und eventuell von K_4CuO_3 hin; die schwachen Peakintensitäten erlauben jedoch keine eindeutige Identifikation aller auftretenden Sekundärphasen. In der Probe mit 2 mol% A-Überschuss können sich neben CuO noch Kupferniobate $CuNbO_3$, $CuNb_2O_6$ und $CuNb_3O_8$ und Na-Cu-Verbindungen wie Na_2CuO_2 und $Na_6Cu_2O_6$ bilden. Die Probe mit 2 mol% B-Überschuss zeigt die Bildung der Grundkomponenten CuO und Nb_2O_5, aber eventuell auch von den Phasen $NaCuCuO_2$ und $CuNbO_3$. Mit hohem Niobgehalt und 2 mol% Cu bilden sich kupferfreie tetragonale Wolfram Bronze Strukturen und $K_4CuNb_8O_{23}$ (siehe Kap. 4.3).

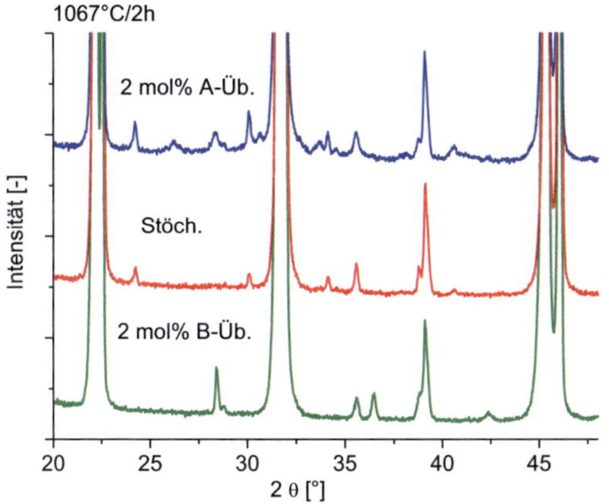

Abb. 4.41: Diffaktogramme von KNN-Cu mit 2 mol% Cu und verschiedenen A/B Verhältnissen, gesintert bei 1067°C/2h, für 2θ von 20° bis 48°.

REM-Aufnahmen von polierten und thermisch geätzten Oberflächen der bei 1037°C/2h gesinterten KNN-2Cu Keramiken sind in Abbildung 4.42 dargestellt. Das Material mit A-Platz Überschuss hat Körner im Bereich von 5-10µm. Die Kornformen sind dabei ähnlich wie bei A-Platz reichen Keramiken bei vergleichbaren Sintertemperaturen. Die für den A-Überschuss charakteristische kuboide Kornform ist bei dieser Temperatur nicht ausgebildet. Das stöchiometrische KNN-2Cu hingegen zeigt schon bei vergleichsweise niedrigen Sintertemperatur eine ausprägte Tendenz zur Bildung von idiomorphen Körnern mit Korngrössen im Bereich von 10-20µm. Die Körner zeigen keine intragranulare Porosität und so ähnelt die Mikrostruktur des stöchiometrischen KNN-2Cu der Mikrostruktur des undotierten KNN mit 2 mol% A-Überschuss. Eine zum undotierten stöchiometrischen KNN ähnlichen Kornformen und Grössen weist das KNN-2Cu mit 2 mol% B-Überschuss (Abb. 4.42c) auf. Auf einigen großen Körnern ist eine Tendenz zur Bildung von runden, intragranularen Poren erkennbar. Neben den größeren Körnern (bis ungefähr 20µm) gibt es auch noch einen feinkörnigen Anteil. Diese Mikrostrukturen der KNN Zusammensetzungen mit 2 mol% Cu deuten auf eine eventuelle Verschiebung der Zusammensetzung der Matrix zu der A-reichen Seite hin, im Vergleich zur nominellen Zusammensetzung.

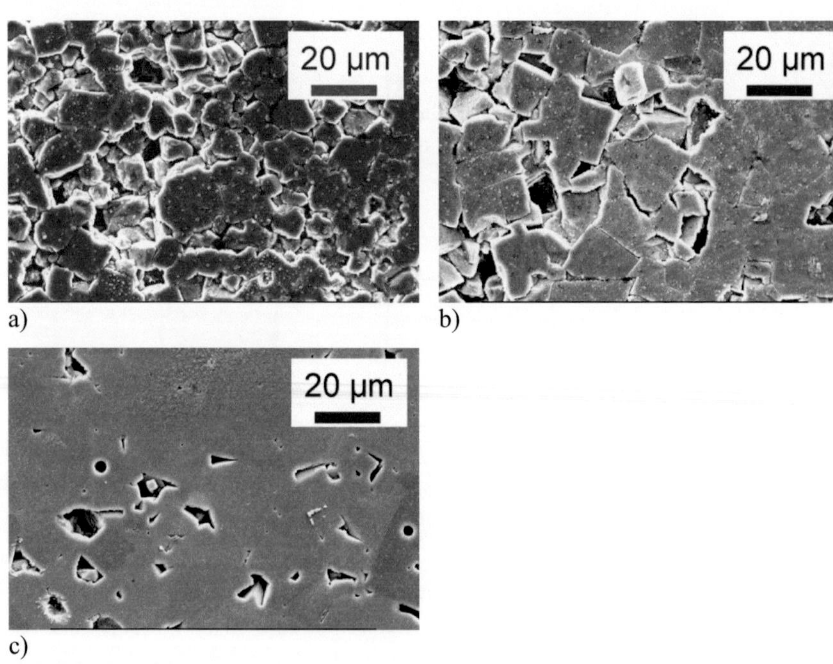

a) b) c)

Abb. 4.42: REM Aufnahmen von KNN-Cu mit 2 mol% Cu, gesintert bei 1037°C/2h: a) 2 mol% A-Überschuss, b) stöchiometrisch und c) 2 mol% B-Überschuss

5. Diskussion

In diesem Teil wird zuerst die Rolle des Alkali oder Niob Überschusses in undotiertem KNN im Vergleich zur stöchiometrischen Zusammensetzung hinsichtlich ihres Verhaltens bei Kalzinierung, der Sintereigenschaften und der Mikrostrukturbildung diskutiert. Anschließend werden die Zusammensetzungen mit 0,25 mol% Cu Dotierung mit undotierten KNN verglichen. Basierend auf diesen Analysen werden anhand der Dilatometerkurven und der Mikrostrukturen bezüglich der stöchiometrischen Zusammensetzungen (Cu-A und Cu-B), Schlussfolgerungen in Bezug auf den Substitutionsplatz von Cu in der Perowskitstruktur gezogen. Die Eigenschaften von KNN mit höheren Gehalten an Cu-Dotierung ist Gegenstand des dritten Teils der Diskussion. Die Analysen sind dabei auf KNN Zusammensetzungen mit B-Platz Überschuss beschränkt. Hierbei wird insbesondere auf die Rolle, welche die Bildung von Fremdphasen in diesen Keramiken spielt, eingegangen. Im abschliessenden Teil werden in Hinblick auf anwendungsoriertierte Eigenschaften von KNN-Cu Keramiken das elektromechanische Verhalten und die Bedingungen für chemische Beständigkeit von KNN mit 0,25 mol% bis 2 mol% Cu Dotierung diskutiert.

5.1. Stöchiometrie

5.1.1. Pulver Charakteristik

Abhängig vom Überschuss an Alkali oder Niob zeigen die Eigenschaften der kalzinierten KNN Pulver deutliche Unterschiede. Im Vergleich zur stöchiometrischen Zusammensetzung hat nach Kalzinierung bei 775°C/5h das Pulver mit 2 mol% A-Überschuss eine höhere Homogenität, weist allerdings auch eine Vergröberung der Partikel auf. KNN mit B-Platz Überschuss hat hingegen etwas feinere Partikel, zeigt jedoch in geringfügigem Maße eine höhere chemische Inhomogenität bezüglich der Phasenausbildung. Wird die Entwicklung der Homogenisierung in Abhängigkeit der Temperatur bei der Kalzinierung betrachtet, können diese Tendenzen deutlicher aufgezeigt werden. Insbesondere die Unterschiede zwischen der stöchiometrischen KNN Zusammensetzung und KNN mit B-Platz Überschuss, die beim Vergleich der bei 775°C kalzinierten Pulver nur schwach ausgeprägt sind, werden bei höherer Kalzinierungstemperatur deutlich. Stöchiometrisches KNN wird bei Kalzinierung mit 875°C/5h homogen, während bei KNN mit B-Platz Überschuss auch bei dieser erhöhten Kalzinierungstemperatur die Inhomogenität erhalten bleibt (Abb. 5.1b und c).

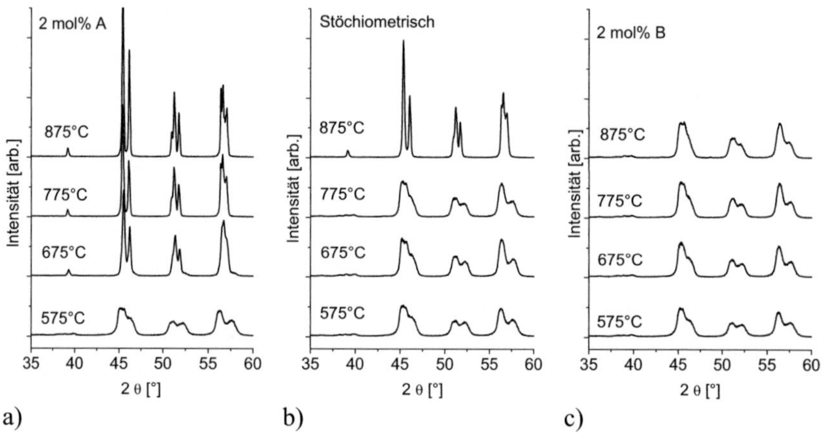

Abb. 5.1: Röntgenspektren für 2θ von 35° bis 60° der 3 KNN Pulver, kalziniert von 575°C bis 875°C/5h.: a) 2 mol% A-Überschuss, b) stöchiometrisch und c) 2 mol% B-Überschuss.

Bei KNN mit A-Platz Überschuss ist die Perowskitstruktur schon bei 675°C/5h homogen (Abb. 5.1a). Dieses Ergebnis zeigt auf, welch bedeutenden Einfluß ein Alkali Überschuss auf die Homogenisierung der Pulver bei der Kalzinierung hat. Die für eine Homogenisierung erforderliche Kalzinierungstemperatur ist somit für KNN mit A-Platz Überschuss um 200°C geringer als für stöchiometrisches KNN. Ähnliche Effekte von Alkali-Überschuss im KNN Pulver wurden von Bomlai et al. [Bom07] detailliert beschrieben. A-Überschuss beschleunigt die Homogenisierung der Perowskitstruktur und B-Überschuss verhindert die Bildung einer homogenen Struktur im Vergleich zur stöchiometrischen Zusammensetzung (Abb. 5.1). Die Ursache für die Inhomogenitäten in den stöchiometrischen und B-reichen Zusammensetzungen liegt wahrscheinlich in den unterschiedlichen Reaktionsraten für die diffusionskontrollierte Bildung von $KNbO_3$ und $NaNbO_3$ [Mal08a]. Da die Reaktionsrate unter diffusionskontrollierten Voraussetzungen von K_2CO_3/Nb_2O_5 und (K_2CO_3 +

Na_2CO_3)/Nb_2O_5 (ca. 10^{-15} m²/s bei 600°C) eine Größenordnung kleiner als die von Na_2CO_3/Nb_2O_5 (ca. 10^{-14} m²/s bei 600°C)ist, bildet sich $NaNbO_3$ schneller als $KNbO_3$ und KNN. Dies führt zu inhomogen kalzinierten Pulvern nach der Kalzinierung bei 775°C/5h für die stöchiometrische und B-überschüssige Zusammensetzungen. Die Kinetik der Kalzinierung ist jedoch auch von der Stöchiometrie (A/B Verhältnis) abhängig, da das A-reiche Pulver schon nach der Kalzinierung bei 675°C/5h homogen wird, das stöchiometrische Pulver erst bei 875°C homogen wird. Mit B-Überschuss wird nach der Kalzinierung bei 875°C/5h immer noch keine homogene Perowskitstruktur gebildet.

5.1.2. Sintern und Mikrostruktur

Die Verdichtung von KNN Keramiken erfolgt bei verschiedenen Sintertemperaturen, abhängig von der Zusammensetzung. Verschiedene Diffusionsmechanismen können je nach Zusammensetzung und Temperatur den Prozess dominieren. Korngrenzendiffusion ist der maßgebliche Sintermechanismus bei niedrigerer Temperatur, während bei hoher Temperatur die Verdichtung im wesentlichen durch Volumendiffusion erfolgt [Chi97]. Die Phasendiagramme (K_2O/Nb_2O_5 [Rei55] und Na_2O/Nb_2O_5 [Sha59]) weisen auf die Bildung von flüssigen Phasen in $KNbO_3$ und $NaNbO_3$, sowohl für A- als auch für B-Überschuss, hin. Dazu gibt es für stöchiometrisches KNN bei ungefähr 1110°C eine Soliduslinie (Übergang der festen Verbindung zu einer Mischung aus festen und flüssigen Bestandteilen), die im Phasendiagramm von $KNbO_3$/$NaNbO_3$ zu sehen ist [Jaf71]. Neben den Diffusionsmechanismen soll die Entwicklung der Mikrostruktur während die Aufheizphase berücksichtigt werden.

5.1.2.1. Stöchiometrisches KNN

Die Schwindung des stöchiometrischen KNN findet in einem engen Sinterbereich zwischen 883°C und 1020°C mit rascher Schwindung statt. Diese Eigenschaften sind typisch für diese Zusammensetzung [Kos75]. Die chemische Inhomogenität in dem bei 775°C/5h kalzinierten Pulver scheint kein bedeutendes Hindernis für das Sintern und die Verdichtung zu sein, da das Pulver durch kalzinieren bei 875°C/5h homogen wird (Abb. 5.1b) und keine Verzögerung der Sinterung in der Schwindungskurve ersichtlich wird. Die Schwindung endet bei 1020°C, weit unter der Temperatur der Soliduslinie, aber ohne eine komplette Verdichtung zu erreichen.

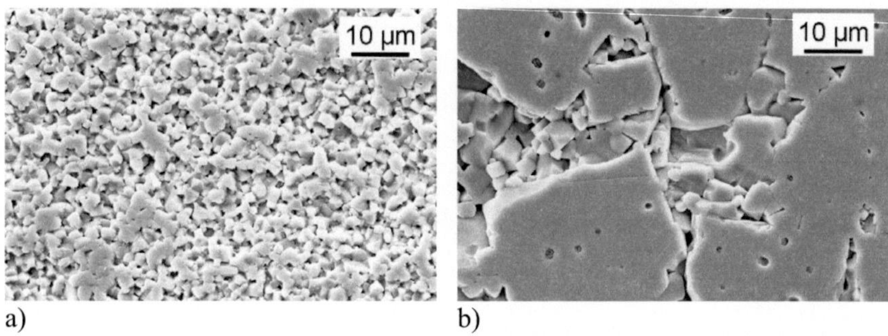

Abb. 5.2: Mikrostruktur von poliertem, ungeätztem stöchiometrischem KNN im Zwischenzustand; die Abkühlrate betrug 20°C/min: a) gesintert bei 970°C/5min und b) gesintert bei 1030°C/5min.

Die Entwicklung der Mikrostruktur spielt eine wichtige Rolle für die begrenzte Verdichtung während des Sinterns von stöchimetrischem KNN. Bis zur Temperatur der maximalen Schwindungsrate (T_{Smax} = 968°C) besteht die Keramik aus kleinen Körnern mit einer homogenen Größe bis 2 µm (Abb. 5.2a). Gleichzeitig mit der Verringerung der Schwindungsrate zwischen 968°C und 1020°C fängt abnormales Kornwachstum an. Nach Sintern bei 1030°C/5min erreicht die Dichte von stöchiometrischem KNN einen hohen Wert mit 4,33 g/cm³ (96,0%) (Abb. 5.3a). In diesem Zustand besteht die Keramik hauptsächlich aus abnormal gewachsenen Körnern und einem kleinen Anteil kleiner Körner zwischen den großen (Abb. 5.2b). Charakteristisch für eine Mikrostruktur mit abnormalem Kornwachstum sind die intragranularen Poren, die in den abnormal gewachsenen Körnern eingeschlossen sind. Diese liefern einen Beitrag zur Begrenzung der Verdichtung, da diese Poren nicht mehr eliminiert werden können. Bei geringer Diffusion von Stickstoff, der in den intragranularen Poren enthalten ist, entsteht bei hohen Temperaturen in diesen Poren ein Gasdruck, der einer Verringerung der Porengröße durch die Oberflächenspannung entgegenwirkt [Cob62]. Die innere Porosität wird dabei im Wesentlichen beibehalten. Bei hohen Temperaturen findet keine weitere Verdichtung statt (Abb. 4.7 gegen Abb. 5.3a), aber die abnormalen Körnern wachsen weiter und alle kleinen Körner werden eliminiert. Dabei entstehen durch das Verschwinden der kleinen Körnern und die geringe Formänderung den großen relativ große intergranulare Poren zwischen den abnormal gewachsenen Körner. Die Mikrostruktur besteht bei 1105°C aus großen Körnern mit intragranularer Porosität (Abb. 4.10b).

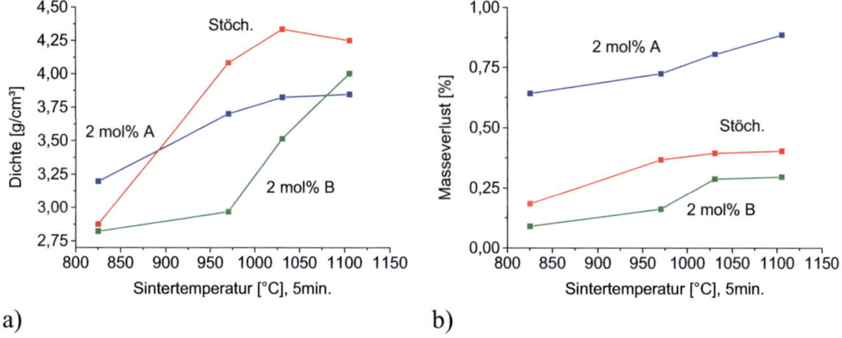

a)   b)

Abb. 5.3: Dichte und Masseverlust von KNN im Zwischenzustand, gesintert von 825°C/5min bis 1105°C/5min und mit relativ hoher Abkühlrate abgekühlt (20°C/min): a) Dichte und b) Masseverlust.

Abnormales Kornwachstum in undotiertem stöchiometrischen KNN wurde schon mehrfach beobachtet [Jen05], [Mal08b], [Zhe07], [Fis09]. Mechanismen der Vergröberung der Mikrostruktur, basierend auf der Reorganisation der Partikel, wurden von Ahn [Ahn09] und Zhen [Zhe07] veröffentlicht. Die Organisation der Partikel in einer Struktur aus Platten („plate-like") mit einer folgenden Benetzung durch eine flüssige Phase, die das Kornwachstum fördert, wurde im KNN dotiert mit Li und $BaTiO_3$ beobachtet [Ahn09]. In diesen Keramiken wachsen die Körner kubisch. Die großen Körner können auch eine Struktur bestehend aus einem Kern und einer Schale („core-shell") bilden. Die Schale besteht dabei aus gleich ausgerichteten und leicht gewachsenen Nanokörnern und der Kern aus nicht ganz gleich ausgerichteten und nicht gewachsenen Nanokörnern [Zhe07]. Die Mechanismen der Vergröberung für das in dieser Arbeit vorgestellte stöchiometrische KNN unterscheiden sich von diesen, auf einer Reorganisation der Partikel basierten Mechanismen. Die REM Bilder des stöchiometrischen KNN zeigen, dass nach dem Sintern im Zwischenzustand

bei 970°C/5min eine feinkörnige Mikrostruktur mit Körnern von 1-2µm entsteht. Somit stehen keine Nanokörner oder Submikron-Körner für die Bildung
einer „core-shell" Struktur zu Beginn des abnormalen Kornwachstums zur
Verfügung.

Basierend auf Untersuchungen an Li-dotiertem KNN, wurde abnormales
Kornwachstum mit der Verdampfung von Natrium in Verbindung gebracht.
Danach entstehen durch Na-Verdampfung Kalium-reiche Stellen an den Korn-
grenzen. Da die Temperatur der Soliduslinie mit steigendem Kalium-Gehalt
abnimmt, könnte die Verdampfung von Natrium an diesen Stellen zur Bildung
einer flüssige Phase und die Förderung des Kornwachstums zur Folge haben.
Dieser Mechanismus führt zu großen Körnern mit kubischen oder rechteckigen
Querschnitten [Zhe06]. Allerdings ändert die Verdampfung von Natrium auch
das A/B Verhältnis in Richtung eines B-Überschusses, der zur geringem
Kornwachstum führt (Abb. 4.10c und 4.11). Diese zwei gegenläufigen Mechanismen finden wahrscheinlich in ganz unterschiedlichem Maßstab statt.

In stöchiometrischem KNN haben Fisher und Kang [Fis09] keine flüssige Phase an den Tripelpunkten oder an den Korngrenzen nach Sintern bis zu 1h gefunden. Für die bei längeren Haltezeiten gesinterten (>3h) Proben wurde an
einigen Korngrenzen eine alkaliarme Sekundärphase detektiert. Diese Sekundärphase war bei Sintertemperatur wahrscheinlich flüssig, aber nach diesen
langen Haltezeiten war für die Mikrostruktur keine bedeutende neue Entwicklung möglich. Basiert auf der Untersuchung der Effekte von verschiedenen
Sinteratmosphären auf die Mikrostrukturbildung von stöchiometrischem KNN
haben die Autoren das abnormale Kornwachstum mit der freien Energie an den
Kanten der Körner in Verbindung gebracht. Diese freie Energie an den Kornkanten steuert die Bildung von 2D-Keimen an den Korngrenzen und ist deshalb ein wichtiger und einflussreicher Parameter für die Triebkraft des Kornwachstums. Sie ist auch umgekehrt korreliert mit der Strukturentropie und
nimmt deshalb bei rauen Korngrenzen (als Gegenüberstellung einer flach-
facettierten Korngrenze) und Leerstellenbildung ab [Fis09]. In einer reduzie-
renden Atmosphäre, die raue Korngrenzen und die Leerstellenbildung fördert,
wird die Keimbildung erleichtert. Wenn viele Keime gebildet werden, wachsen
alle Körner gleichzeitig und es findet normales Kornwachstum statt. Im Ge-

gensatz dazu wachsen die Körner unter oxidierender Atmosphäre mit flach-facettierten Korngrenzen und es bilden sich nur wenige Keime an den Korn-grenzen. Da nur die wenigen Körner mit einem Keim auf ihren Korngrenze wachsen, während die anderen nicht oder fast nicht wachsen, können sie groß werden. Sie treffen sich und behindern ihr eigenes Wachstum im Spätstadium des Sinterns.

Stöchiometrisches KNN und KNN mit A-Überschuss zeigen deutliche Unter-schiede bei ihrem Sinterverhalten und der Mikrostrukturausbildung mit einer charakteristischer Kornform für jede Zusammensetzung. In stöchiometrischem KNN sind die Körner polyhedrisch mit intragranularer Porosität und im A-reichen KNN besitzen die Körner eine kuboide Form und flache Flächen. Ihre Korngrößen sind ähnlich (10 bis 40μm). Die Unterschiede in der Mikrostruktur zeigen, dass das Kornwachstum im stöchiometrischen KNN nicht durch die Bildung einer flüssigen Phase, bestehend hauptsächlich aus Alkali, angetrieben ist. Die lokale Bildung einer flüssigen Phase, die weit unter der eutektischen Temperatur auftreten kann [Cah77], [Luo08] und das durch die Keimbildung gesteuerte Kornwachstum, das die freie Energie an den Kornkanten mit dem Kornwachstum in Verbindung bringt [Fis09], [Chu02], spielen für das stöchi-ometrische KNN wahrscheinlich eine bedeutende Rolle bei der Mikrostruktur-bildung. Aber andere Faktoren können ebenfalls mit dem Kornwachstum in Bezug gebracht werden: die Anisotropie bei der Terminierung der Atom-schichten und das lokale A/B Verhältnis der Körnern in der Nähe der Tripleli-nien können auch abnormales Kornwachstum verursachen [Bäu10]. Für eine genauere Beurteilung der Mechanismen des Kornwachstums in stöchiometri-schem KNN sind allerdings Untersuchungen am TEM erforderlich, die im Rahmen dieser Arbeit nicht durchgeführt wurden.

5.1.2.2. KNN mit A-Überschuss

Im Vergleich zur stöchiometrischen Zusammensetzung beginnt das Sintern von A-reichem KNN bei deutlich niedrigerer Temperatur (762°C statt 883°C). Es verdichtet langsamer, aber in einem breiteren Temperaturbereich. Zum Ab-schluss der Verdichtung bei 939°C enthält die A-reiche KNN Probe noch eine hohe Porosität (Abb. 5.3a). Die Besonderheit bei der Verdichtung dieses Mate-rials besteht in den zwei Sintermaxima in der Schwindungskurve (Abb. 4.6b).

Ein Doppelpeak wurde schon für das Sintern von stöchiometrischem $NaNbO_3$ berichtet [Nob96], [Lei98]. Der Peak bei niedriger Temperatur (zwischen ungefähr 900°C und 1020°C, je nach Aufheizrate) wird auf das Sintern feiner Partikeln zurückgeführt. Für die Materialien in dieser Arbeit spielt wahrscheinlich die Zusammensetzung eine große Rolle. Anteile an feinen Partikeln sind in allen drei Zusammensetzungen anwesend, aber der Doppelpeak wurde nur beim A-reichen KNN gemessen, obwohl er bei allen Zusammensetzungen zu erwarten gewesen wäre, wenn die feinen Partikel zum Doppelpeak bei der Schwindungsrate führen würden. Gemäß der Phasendiagramme von K_2CO_3 - Nb_2O_5 [Rei55] und Na_2CO_3 - Nb_2O_5 [Sha59] bildet sich mit Alkaliüberschuss im 2-Phasengebiet eine flüssige Phase bei Temperaturen über 845°C bzw. 987°C. Obwohl das Sintern von A-reichen KNN bereits bei 762°C beginnt, kann der erste Peak auf eine untereutektische Schmelze in Form eines Korngrenzenfilms zurückgeführt werden, wie es von der Thermodynamik, unter der Annahme einer Verringerung der Korngrenzenenergie γ durch die Benetzung, vorausgesagt wird [Cah77], [Luo08].

Auch in Bezug auf das Kornwachstum kommt der Flüssigphase in KNN mit A-Platz Überschuss eine wichtige Rolle zu. Im Temperaturbereich mit hohen Schwindungsraten wachsen die Körner stark und führen zu Korngrößen zwischen 2 und 8μm nach einem Sinterabbruch bei einer Temperatur von 970°C. Diese Temperatur liegt höher als das Ende der Schwindung (939°C) (Abb. 5.4b). Bei 1030°C wachsen die Körner weiter bis zu Größe von 5-15μm (Abb. 5.4d). In diesen Sinterzuständen haben die A-reichen KNN Proben relative Dichten von 82,0% bzw. 84,7%. Die Verringerung der Schwindungsrate kann also zum Teil auf das Kornwachstum zurückgeführt werden. Jedoch sind zwei weitere Einflussfaktoren auf die Entwicklung der Korngröße von Bedeutung. Einerseits deutet die Bildung der Körner mit kuboider Morphologie bei hohen Temperaturen (Abb. 4.10a) auf Korngrenzen mit niedriger Energie hin. Anderseits kann die flüssige Phase in Folge von Verdampfung oder einer Veränderung der thermodynamischen Bedingungen zur Veränderung der Zusammensetzung an den Korngrenzen führen.

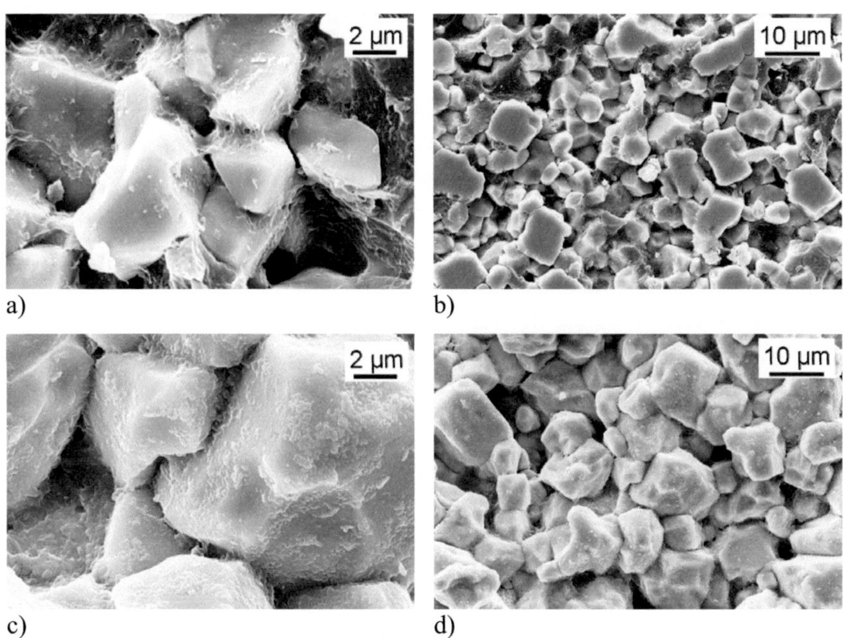

Abb. 5.4: Mikrostruktur von poliertem, ungeätztem KNN mit 2 mol% A-Überschuss im Zwischenzustand; die Abkühlrate betrug 20°C/min: a) und b) gesintert bei 970°C/5min und c) und d) gesintert bei 1030°C/5min.

REM-Bilder zeigen die Anwesenheit einer erstarrten Schmelze nach Abbruch bei 970°C, die die Korngrenzen benetzt (Abb. 5.4a). Nach einem Sinterabbruchsversuch bei 1030°C bildet diese erstarrte Phase an den Korngrenzen tropfen- oder flecken-förmige Strukturen (Abb. 5.4c). Ähnliche Beobachtungen wurden auch auf Bruchflächen gemacht. Eine Erhöhung der Sintertemperatur von 970°C auf 1105°C führt zu einem erhöhten Masseverlust von 0,72% auf 0,88% (Abb. 5.3b). Dieser Massenverlust ist wahrscheinlich auf die Verdampfung von Alkali zurückzuführen. Obwohl die Schwindungskurve auf ein Sinterende von A-reichen KNN bei 939°C hindeutet, ermöglichen eine hohe Sintertemperatur (1105°C) und eine lange Haltezeit (8h) eine weitere Verdichtung der Probe bis zu 88,0% der theoretischen Dichte (Abb. 4.7b). Bei dieser Temperatur könnte eine veränderte Zusammensetzung der Korngrenze und die stärkere Aktivierung der Volumendiffusion zu einer erneuten Verdichtungsphase führen.

5.1.2.3. Einfluss des Masseverlustes auf die Stöchiometrie

Der Masseverlust während des Sinterns ist vom A/B Verhältnis abhängig, sowohl für undotierte als auch für 0,25 mol% Cu dotierte Proben. Je höher der Alkali Gehalt ist, desto höher ist der Masseverlust. In Kapitel 4.1.2.2. (siehe auch Abb. 5.3b) sind die Ergebnisse der Masseverluste für undotiertes KNN und in Kapitel 4.2.2.2. für 0,25 mol% Cu dotiertes KNN dargestellt. Typisch für die Zusammensetzungen mit A-Überschuss sind 0,6 bis >1% Masseverlust; die stöchiometrischen Zusammensetzungen verlieren ca. 0,5% ihrer Masse und KNN mit B-Überschuss zeigt Masseverluste unter 0,4%. In diesem Teil werden die Masseverluste von undotiertem KNN mit 2 mol% A-Überschuss und von undotiertem stöchiometrischem KNN im Hinblick auf ihrem Einfluss auf die „reale" Zusammensetzung der Probe analysiert. Da sich im B-reichen KNN eine Sekundärphase bildet und deren Menge unbekannt ist, kann diese Analyse nicht gemacht werden.

Durch die Mahlung nach der Kalzinierung können kleine Anteile aus Kunststoff vom Mahlbecher das Pulver kontaminieren. Neben diesem Aspekt können die Proben noch kleine Anteile an Feuchtigkeit enthalten, obwohl die Proben vor dem Sintern mindestens 1 Tag bei 100°C in Vakuum gelagert wurden. Da die Mengen an Mahlabrieb und verbleibender Feuchtigkeit unbekannt sind, wird angenommen, dass 100% des Masseverlustes auf eine Alkaliverdampfung zurückzuführen ist. Zwei Fälle werden betrachtet: Entweder besteht der Masseverlust nur aus K_2O oder nur aus Na_2O. In der Realität besteht die Alkaliverdampfung aus diesen beiden Verbindungen, aber die relativen Anteile dieser beiden Alkalioxide am Masseverlust kann nicht ermittelt werden.

Die Phasendiagramme K_2CO_3 - Nb_2O_5 [Rei55] und Na_2CO_3 - Nb_2O_5 [Sha59] zeigen, dass bei A-reichen KNN das Erreichen eines 2-Phasengebiets bei Temperaturen weit unterhalb des Schmelzpunktes von $KNbO_3$ oder $NaNbO_3$ und weit unterhalb typischer Sintertemperaturen von KNN stattfindet. Bei Kalium-Überschuss in $KNbO_3$ liegt die Soliduslinie bei 845°C und es sollte sich die Phase K_3NbO_4, die Hälfte von (3 K_2O + Nb_2O_5), bilden. In Analogie dazu liegt die Soliduslinie bei Natrium-Überschuss in $NaNbO_3$ bei 975°C und es sollte sich die Phase Na_3NbO_4, die Hälfte von ($3\ Na_2O + Nb_2O_5$), bilden. Die Phasen K_3NbO_4 und Na_3NbO_4 waren weder im kalzinierten Pulver noch in den gesinterten Proben mittels Röntgendiffraktometrie nachweisbar. Bei der Verdampfung der Verbindungen K_2O und Na_2O wird sich der Anteil dieser beiden Alkali-reichen Phasen (im Vergleich zu KNN) reduzieren und der Anteil an KNN wird größer.

Für die Rechnungen wurde angenommen, dass beim Kalzinieren keine Alkaliverdampfung stattgefunden hat. Im Grünzustand bestehen die Proben aus $(K_{0,5} Na_{0,5})_{1,02} NbO_{3,01}$ (= $(K_{0,51} Na_{0,51})NbO_{3,01}$) oder aus $(K_{0,5} Na_{0,5})NbO_3$.

Die Abbildung 5.5a zeigt den Zusammenhang zwischen Masseverlust und Alkaliverlust in A-reichen und stöchiometrischen KNN. Für das A-reiche KNN fangen die Kurven bei 0% Masseverlust bei -2 mol% Alkaliverlust an, da ein positiver Überschuss einen negativen Verlust bedeutet. Als Folge dieses Alkaliverlustes ändert sich die Besetzung von K oder von Na in $(K_{0,5} Na_{0,5})_{1,02} NbO_{3,01}$ (= $(K_{0,51} Na_{0,51})NbO_{3,01}$) oder in $(K_{0,5} Na_{0,5})NbO_3$. In der Abbildung 5.5b sind die Koeffizienten der K- und Na- Besetzung abhängig vom Masseverlust dargestellt. Bei 0% Masseverlust besteht der A-Platz von stöchiometrischem KNN aus einem K/Na-Verhältnis von 50/50. Für A-reiches KNN liegt dieses Verhältnis bei 51/51.

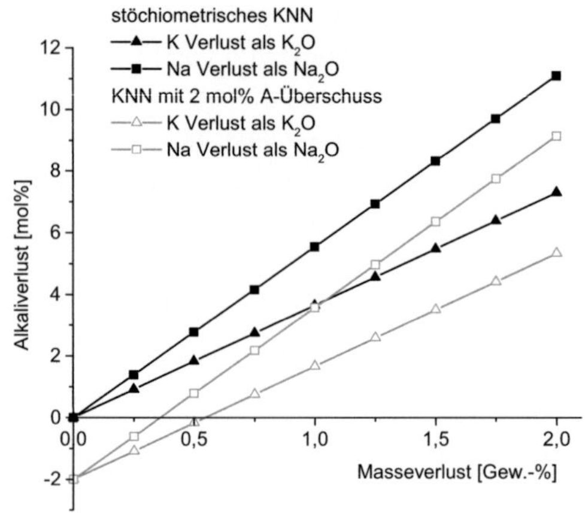

a)

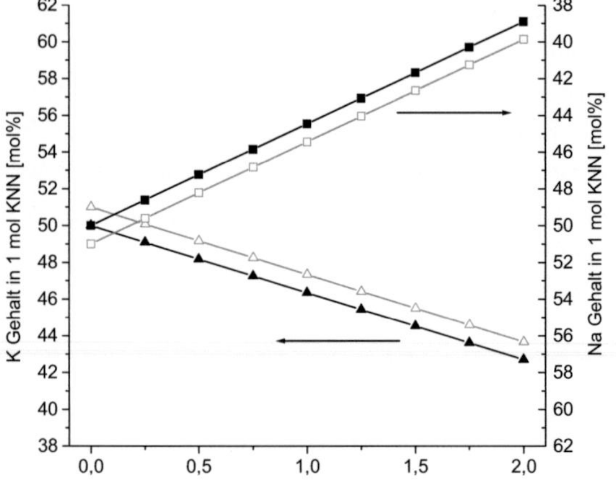

b)

Abb. 5.5: Zusammenhang zwischen den Masseverlusten und: a) Alkaliverlusten und b) Kalium- oder Natrium-Gehalt für A-reiches und stöchiometrisches KNN. Die Annahmen für die Rechnungen stehen im Text.

Für das KNN mit 2 mol% A-Überschuss gibt der kritische Masseverlust den Masseverlust an, bei dem der Alkaliüberschuss verdampft ist. Nach der Verdampfung dieses Überschusses besteht die Probe aus stöchiometrischen KNN. Diese kritischen Masseverlusten liegen bei 0,55% für Kalium und 0,36% für Natrium (Abb. 5.5a). Angenommen dass nur K_2O verdampft, hat die Keramik die Zusammensetzung $(K_{0,49} Na_{0,51})NbO_3$. Wenn nur Na_2O verdampft, hat die Keramik die Zusammensetzung $(K_{0,51} Na_{0,49})NbO_3$ (Abb. 5.5b). Masseverluste über 0,6% wurden für A-reiches KNN gemessen. Der Akaliverlust für z.B. 1% Masseverlust entspricht Verlusten von 3,67 mol% Kalium oder 5,67 mol% Natrium (Abb. 5.5a). Dieser Masseverlust würde zu den nominalen Zusammensetzungen $(K_{0,473} Na_{0,51})NbO_{2,9915}$ bei Kaliumverlust und $(K_{0,51} Na_{0,454})NbO_{2,982}$ bei Natriumverlust führen (Abb. 5.5b). Beide Zusammensetzungen deuten auf einen signifikanten B-Überschuss hin. Die Mikrostrukturbildung des A-reichen KNN war von der Anwesenheit eines flüssigen Phase geprägt. Je höher die Temperatur, desto höher ist der Alkaliverlust und so wachsen die Körner mit steigenden Temperatur mit weniger flüssigen Phase, wahrscheinlich ab einer bestimmten Temperatur sogar ohne.

In Analogie zum A-reichen KNN kann für das stöchiometrischen KNN ein kritischer Masseverlust zugeordnet werden. Dieser kritische Masseverlust entspricht dem Masseverlust, bei dem eine Zusammensetzung mit 2 mol% B-Überschuss erreicht wird. Im Fall von K_2O Verdampfung liegt dieser Masseverlust bei 0,55% und für Na_2O bei 0,36%, also die gleichen Werte wie für A-reiches KNN (Abb. 5.5a). Diese Alkaliverluste entsprechen den Zusammensetzungen $(K_{0,48} Na_{0,50})NbO_{2,99}$ für K_2O Verdampfung und $(K_{0,50} Na_{0,48})NbO_{2,99}$ für Na_2O Verdampfung. Da bei B-reichem KNN das Kornwachstum viel langsamer als bei stöchiometrischem KNN ist, könnte die Alkaliverdampfung durch die veränderte Zusammensetzung zur Verlangsamung des Kornwachstums bei hohen Temperaturen führen.

5.1.2.4. KNN mit B-Überschuss

Die KNN Materialien mit 0,5 mol% und 2 mol% B-Überschuss sintern bei höheren Temperaturen als die stöchiometrische Zusammensetzung (Abb. 4.6). Die Schwindungsraten sind kleiner und die Temperaturbereiche des Sinterns sind breiter (Abb. 4.6 und Tab. 4.2). Die Zusammensetzung mit 0,5 mol% zeigt jedoch kleinere Schwindungsraten und einen breiteren Temperaturbereich des Sinterns im Vergleich zu KNN mit 2 mol% B-Überschuss. Die Kurve der Schwindungsrate für das KNN mit 0,5 mol% B-Überschuss deutet auf einen möglichen zweiten Peak bei Temperaturen oberhalb von 1150°C hin. Dies würde auf einen Wechsel im Sintermechanismus hindeuten. Dieser Peak wäre auch für die Kurve für die Zusammensetzung mit 2 mol% zu erwarten. Für B-reiches KNN bestehen zwei Möglichkeiten im Hinblick auf den Verbleib des Niob-Überschusses. Zum einen kann sich der Niob-Überschuss in Form von Nb_2O_5 in der Perowskitstruktur lösen, was zur Bildung von Leerstellen auf dem A-Platz führt. Zum anderen kann sich neben der Perowskitstruktur, bestehend aus KNN, eine Niob-reiche Phase bilden. Im ersten Fall sollte die Verdichtung im Vergleich zur stöchiometrischen Zusammensetzung verbessert werden, da die Gitterdiffusion durch die Leerstellen erleichtert werden sollte, wie schon von Kosec und Kolar herausgeabeitet wurde [Kos75]. Da die Verdichtung jedoch zu höheren Temperaturen verschoben wird und eine Sekundärphase in der Probe mit 2 mol% B-Überschuss bei der Röntgenanalyse detektiert wurde, sollte ein großer Teil des 2 mol% Überschusses im Form von $K_4Nb_6O_{17}$ vorliegen. Die Bildung dieser Phase zusammen mit $KNbO_3$ liegt nach dem Phasendiagramm K_2CO_3 - Nb_2O_5 [Rei55] im Bereich von 50 bis 67 mol% Niobgehalt. Möglicherweise hat diese Phase etwas Natrium aufgenommen, was zu einer realen Zusammensetzung der Form $(K_{1-x} Na_x)_4Nb_6O_{17}$ führt. Die relativ geringe Sinterneigung von KNN mit B-Überschuss ist wahrscheinlich auf Bildung von Sekundärphasen an den Korngrenzen zurückzuführen, die über einen „solute drag" Mechanismus sowohl Verdichtung als auch Kornwachstum behindern.

Für 0,5 mol% B-Überschuss wurde keine Sekundärphase detektiert. Entweder haben sich die überschüssigen Nb-Atome in der Perowskitstruktur gelöst oder dieser Überschuss führt zur Bildung von $K_4Nb_6O_{17}$, aber unterhalb der detektierbaren Menge.

Im Kapitel 5.3 wird die Bildung der Sekundärphasen in undotiertem und mit Cu dotiertem KNN mit B-Überschuss diskutiert. Die niedrige Korngröße in B-reichem KNN ist eine geeignete Bedingung für eine weitere Verdichtung während eines Sintern mit längerer Haltezeit (Abb. 4.7) [Kos75].

5.2. KNN mit geringem Cu Gehalt

In diesem Abschnitt werden die Auswirkungen einer Cu Dotierung mit 0,25 mol% auf die Sintereigenschaften und das Gefüge der Keramiken diskutiert. Dabei werden die Cu-dotierten Keramiken mit verschiedenen A/B Verhältnissen im Vergleich zu den entsprechenden undotierten KNN Keramiken betrachtet. Aus den Effekten der Cu-Dotierung bei gegebenem A/B Verhältnis einerseits und aus dem Vergleich der undotierten und Cu-dotierten Keramiken mit unterschiedlichen A/B Verhältnissen andererseits ist es möglich, Schlussfolgerungen in Bezug auf den Einbauplatz von Cu im KNN Gitter zu ziehen.

Die Analyse in Bezug auf den Einbau von Cu beruht dabei auf der folgenden Idee: Unter der Annahme, dass die Wirkungen der Cu-Substitution auf das Verdichtungsverhalten und die Mikrostruktur klein im Vergleich zu den Auswirkungen des A/B Verhältnisses sind, kann anhand dieser Charakteristika auf die Stöchiometrie der KNN-Cu Keramiken geschlossen werden. Sinterverhalten und Mikrostruktur zeigen somit, ob in einer Keramik A-Platz Überschuss, B-Platz Überschuss oder stöchiometrische Bedingungen vorliegen. Demzufolge werden zunächst die Keramiken mit verschiedenen A/B Verhältnissen für undotiertes und Cu-dotiertes KNN einander gegenübergestellt. Im ersten Schritt werden dabei die Effekte von hohem A- und B-Platz Überschuss vergleichend betrachtet und die Wirkungen durch die Cu-Dotierung in diesen Materialien diskutiert. Im zweiten Schritt werden dann die Mikrostruktur und Sintereigenschaften von $(K_{0,5}Na_{0,5})_{0,9975}Cu_{0,0025}NbO_3$ und $(K_{0,5}Na_{0,5})Cu_{0,0025}Nb_{0,9975}O_3$ analysiert. Für den Fall, dass Cu den A- Platz besetzt, ist $(K_{0,5}Na_{0,5})_{0,9975}Cu_{0,0025}NbO_3$ stöchiometrisch, während im Falle einer B-Platz Substitution $(K_{0,5}Na_{0,5})Cu_{0,0025}Nb_{0,9975}O_3$ der stöchiometrischen Zusammensetzung entspricht. Anhand des Vergleichs der Mikrostruktur und der Sintereigenschaften dieser Materialien mit denen von undotiertem stöchiometrischen KNN, können daraufhin Folgerungen hinsichtlich des Einbaus von Cu gezogen werden.

5.2.1. KNN-0,25Cu mit A- und B-Platz Überschuss

Hinsichtlich ihrer A/B Verhältnisse ergeben sich für die Zusammensetzungen $(K_{0,5}Na_{0,5})_{1,02}Cu_{0,0025}Nb_{0,9975}O_3$ und $(K_{0,5}Na_{0,5})_{0,98}Cu_{0,0025}Nb_{0,9975}O_3$ in Abhängigkeit von der Art des Cu-Einbaus Veränderungen, jedoch bleiben die wesentlichen Charakteristika in Bezug auf die Stöchiometrie – A Platz Überschuss bei $(K_{0,5}Na_{0,5})_{1,02}Cu_{0,0025}Nb_{0,9975}O_3$ und B-Platz Überschuss bei $(K_{0,5}Na_{0,5})_{0,98}Cu_{0,0025}Nb_{0,9975}O_3$ erhalten (Abb. 5.6).

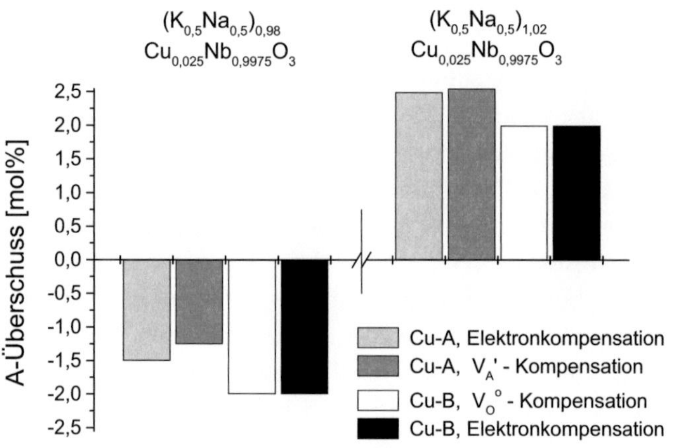

Abb. 5.6: A-Überschuss unter Annahme des Einbauplatzes von Cu im Gitter und Typ der Ladungskompensation für die beiden Zusammensetzungen mit A- bzw. B-Überschuss.

Das Schwindungsverhalten dieser Materialien wird in der Abbildung 5.7 in Vergleich zu undotiertem KNN mit A- bzw. B-Platz Überschuss dargestellt: KNN mit 0,25 mol% Cu mit A-Platz Überschuss zeigt einen Sinterbeginn bereits bei niedrigen Temperaturen und weist zwei Maxima in der Sinterrate auf. Beide Charakteristika sind analog zu undotiertem KNN mit A-Platz Überschuss (Abb. 5.7a).

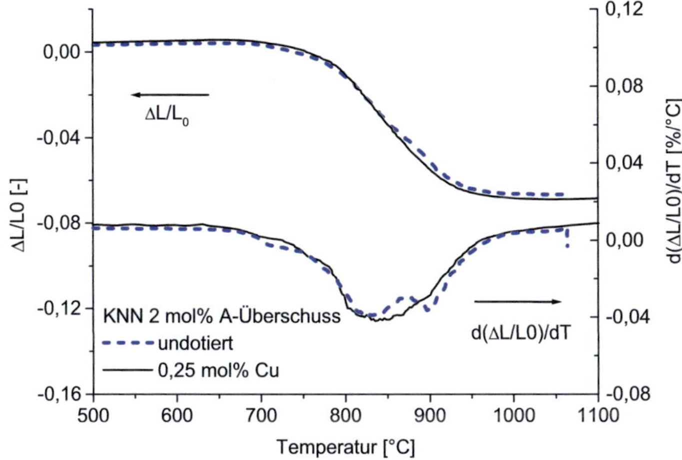

a)

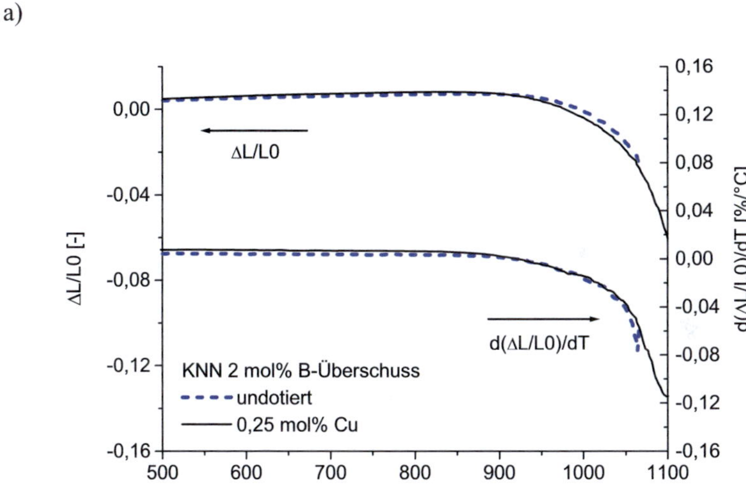

b)

Abb. 5.7: Vergleich der Dilatometermessungen zwischen undotiertem KNN und 0,25 mol% Cu-dotiertem KNN: a) KNN mit A-Überschuss und b) KNN mit B-Überschuss.

Bei KNN mit 0,25 mol% Cu und B-Platz Überschuss ist die Schwindung zu höheren Temperaturen hin verschoben. Das Schwindungsverhalten ist wiederum vergleichbar zu dem von undotiertem KNN mit B-Platz Überschuss (Abb. 5.7b). Wesentliche Schlussfolgerung aus diesen Experimenten ist, dass in nicht stöchiometrischem KNN ein Alkali- oder Niob Überschuss wesentlich stärkeren Einfluss auf das Schwindungsverhalten hat als eine Dotierung mit geringem Cu-Gehalt.

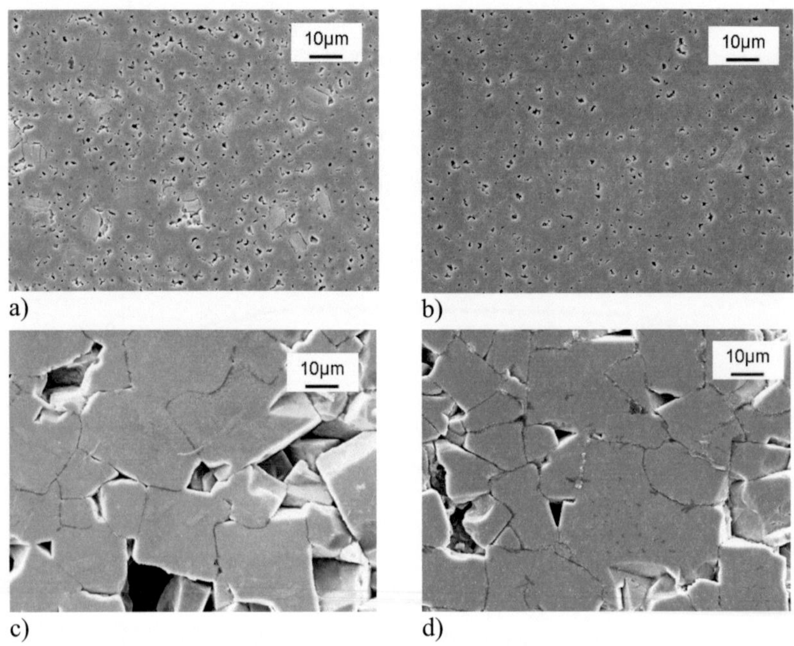

Abb. 5.8: Microstruktur von KNN (1105°C/2h): a) undotiertes B-reiches KNN, b) mit 0,25 mol% Cu-dotiertes B-reiches KNN, c) undotiertes A-reiches KNN und d) mit 0,25 mol% Cu-dotiertes A-reiches KNN.

Analoge Konsequenzen ergeben sich auch aus der Betrachtung der Mikrostrukturen dieser Keramiken. In KNN mit 0,25 mol% Cu mit A-Platz Überschuss (Abb. 5.8d) wird die Mikrostruktur im Vergleich zu undotiertem KNN mit A-Platz Überschuss (Abb. 5.8c) nicht wesentlich verändert. Die Körner haben in beiden Keramiken Größen von 10-30 µm und weisen die für A- Platz

Überschuss charakteristische kuboide Form auf. Ähnliche Mikrostrukturen für KNN mit 0,25 mol% Cu (Abb. 5.8b) und undotiertes KNN (Abb. 5.8a) wurde auch für die beiden Zusammensetzungen mit B-Platz Überschuss gefunden. In diesen Keramiken sind die Körner der KNN Matrix wesentlich kleiner.

5.2.2. KNN-0,25Cu mit nominell stöchiometrischen Zusammensetzungen

Mit der Identifikation des A/B Verhältnisses als bestimmendem Einflussfaktor auf Sinterverhalten und Mikrostruktur können die Ergebnisse für $(K_{0,5}Na_{0,5})_{0,9975}Cu_{0,0025}NbO_3$ und $(K_{0,5}Na_{0,5})Cu_{0,0025}Nb_{0,9975}O_3$ dahingehend bewertet werden, ob in diesen Zusammensetzungen A-Platz Überschuss, B-Platz Überschuss oder stöchiometrische Verhältnisse gegeben sind.

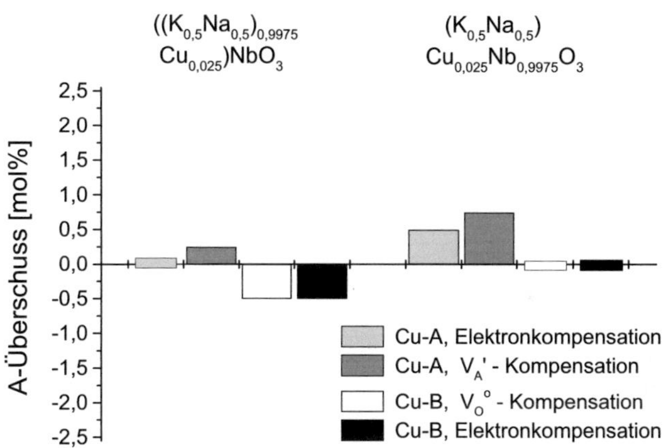

Abb. 5.9: A-Überschuss unter Annahme des Einbauplatzes von Cu im Gitter und Typ der Ladungskompensation für die beiden nominell stöchiometrischen Zusammensetzungen.

Hinsichtlich ihres Sinterverhaltens weisen die beiden Materialien $(K_{0,5}Na_{0,5})_{0,9975}Cu_{0,0025}NbO_3$ und $(K_{0,5}Na_{0,5})Cu_{0,0025}Nb_{0,9975}O_3$ signifikante Unterscheide auf.

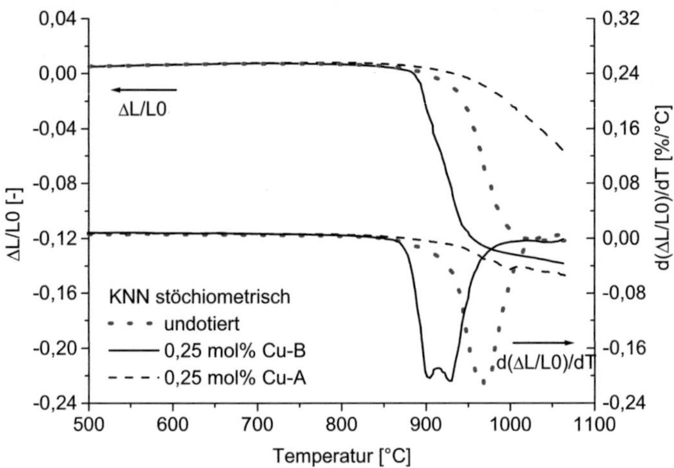

Abb. 5.10: Vergleich der Dilatometermessungen zwischen undotiertem stöchiometrischem KNN und mit 0,25 mol% Cu-dotiertem stöchiometrischem KNN.

Ein Vergleich der Schwindungskurve von $(K_{0,5}Na_{0,5})Cu_{0,0025}Nb_{0,9975}O_3$ (Cu-B entspricht im Falle einer B-Platz Substitution von Cu einer stöchiometrischen KNN Zusammensetzung) mit der von undotiertem stöchiometrischem KNN zeigt, dass die Cu-dotierte KNN Zusammensetzung sich im wesentlichen wie stöchiometrisches KNN verhält (Abb. 5.10). Das deutlich ausgeprägte Sintermaximum mit hohen Schwindungsraten tritt im Temperaturbereich zwischen 900°C und 1000°C auf und ist gegenüber undotiertem KNN zu niedrigeren Temperaturen verschoben. Im Gegensatz dazu sind die Sintermaxima bei der $(K_{0,5}Na_{0,5})_{0,9975}Cu_{0,0025}NbO_3$ Zusammensetzung (Cu-A: entspricht einer stöchiometrischen Zusammensetzung im Falle einer A-Platz Substitution von Cu) zu deutlich höheren Temperaturen hin verschoben (Abb. 5.10). Dieses Verhalten ist typisch für KNN mit B-Platz Überschuss. Das Sinterverhalten dieses Materials deutet demzufolge darauf hin, dass sofern für „stöchiometrisches" KNN-Cu eine Einwaage von Cu auf den A-Platz erfolgt, sich in der Realität eine KNN Zusammensetzung mit B-Platz Überschuss bildet. Wird hingegen die Einwaage entsprechend einer Substitution von Cu auf dem B-Platz vorgenommen, entspricht das Schwindungsverhalten weitgehend dem von stöchiometrischem KNN. Die Analyse des Sinterverhaltens deutet demzufolge auf eine Substitution von Cu auf dem B-Platz hin.

Mit der gleichen Methodik in Bezug auf die Analyse kann auch die Mikrostrukturbildung in den Keramiken $(K_{0,5}Na_{0,5})_{0,9975}Cu_{0,0025}NbO_3$ und $(K_{0,5}Na_{0,5})Cu_{0,0025}Nb_{0,9975}O_3$ ausgewertet werden.

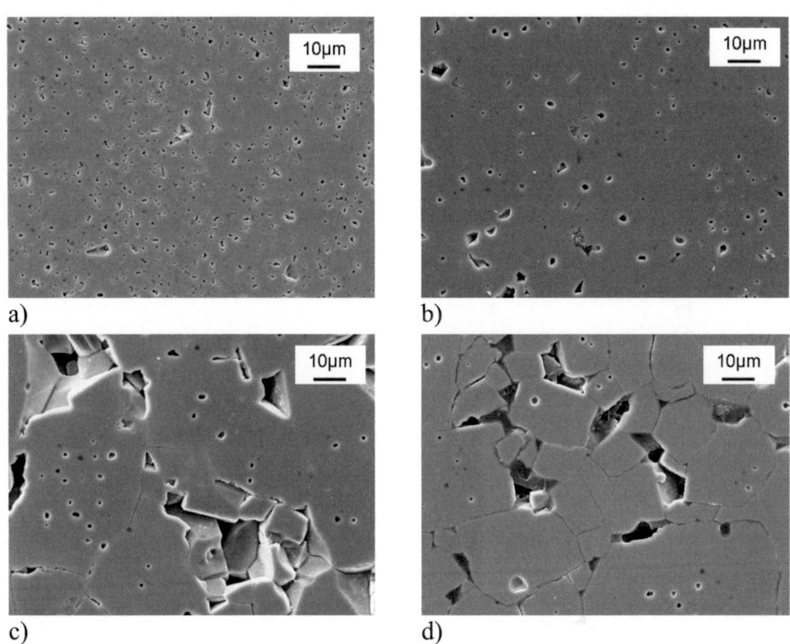

Abb. 5.11: Microstruktur von KNN (1105°C/2h): a) undotiertes 0,5 mol% B-reiches KNN, b) mit 0,25 mol% Cu auf dem A-Platz dotiertes „stöchiometrisches" KNN (Cu-A), c) undotiertes stöchiometrisches KNN und d) mit 0,25 mol% Cu auf dem B-Platz dotiertes stöchiometrisches KNN (Cu-B).

Die $(K_{0,5}Na_{0,5})_{0,9975}Cu_{0,0025}NbO_3$ Zusammensetzung ist für den Fall stöchiometrisch, dass Cu auf dem A-Platz substituiert. In diesem Fall würde man bei dieser Keramik eine Mikrostruktur erwarten, die ähnlich ist wie die von stöchiometrischem undotierten KNN. Geht jedoch Cu auf den B-Platz, so enthält dieses Material 0,5 mol% B-Platz Überschuss. Wie die Abbildung 5.11b zeigt, hat die $(K_{0,5}Na_{0,5})_{0,9975}Cu_{0,0025}NbO_3$ Keramik ein überwiegend feinkörniges Gefüge, das dem von undotiertem KNN mit 0,5 mol% B-Platz Überschuss entspricht (Abb. 5.11a). Dies ist ein weiterer Indiz dafür, dass Cu in der Realität auf dem B-Platz eingebaut ist. In der $(K_{0,5}Na_{0,5})Cu_{0,0025}Nb_{0,9975}O_3$ Zusammensetzung liegt eine stöchiometrische Zusammensetzung mit A/B = 1 genau dann vor, wenn Cu auf dem B-Platz eingebaut wird, während bei einer A-Platz Substitution von Cu ein Verhältnis A/B = 1,005 resultieren würde. Eine vergleichende Betrachtung der Mikrostrukturen von $(K_{0,5}Na_{0,5})Cu_{0,0025}Nb_{0,9975}O_3$ mit denen der undotierten Keramiken zeigt, dass die Mikrostruktur dieser Cu-dotierten KNN Zusammensetzung (Abb. 5.11d) weitgehend derjenigen des undotierten stöchiometrischen Materials (Abb. 5.11c) mit den charakteristischen Merkmalen große Korngrößen, nicht polyedrische Körner und innerer Porosität gleichkommt. Gleichzeitig bestehen signifikante Unterschiede in Bezug auf Kornform und innere Porosität gegenüber der undotierten Zusammensetzung mit A-Platz Überschuss. Demzufolge weist auch die Auswertung der Mikrostrukturen auf einen Einbau von Cu auf dem B-Platz hin.

5.2.3. Einbauplatz von Cu ins Gitter

Verdichtungsverhalten und Mikrostruktur von KNN Keramiken werden von niedrigen Gehalten an Cu Dotierung demnach nur wenig beeinflusst, sofern die A/B Verhältnisse – A-Platz Überschuss, stöchiometrische Zusammensetzung oder B-Platz Überschuss unverändert bleiben. Eine Veränderung der A/B Verhältnisse hat hingegen, wie bei den undotierten Materialien, markante Auswirkungen auf Mikrostruktur und Sinterverhalten zur Folge. Die Auswertung der Effekte der Cu-Dotierung bei gegebenem A/B Verhältnis und der Vergleich von undotierten und Cu-dotierten Keramiken mit unterschiedlichen A/B Verhältnissen deutet darauf hin, dass in KNN Kupfer bei niedriger Konzentration auf dem B-Platz substituiert.

Die Form der Substitution von Kupfer in KNN, ob ein Einbau auf dem A- oder B-Platz erfolgt, welche Ladung das Substitutionsatom trägt und in welcher Weise die Ladungskompensation erfolgt, wurde in der Literatur kontrovers diskutiert. Li et al. (nach Untersuchungen an LiTaSb- KNN) [Li07] und auch Azough et al. (nach Untersuchungen an Li- KNN) [Azo11] schlussfolgern auf der Grundlage von Röntgenmessungen und von elektrischen Eigenschaften, dass Cu bei geringen Konzentrationen den A-Platz besetzt und bei höheren Konzentrationen überwiegend den B-Platz einnimmt. Tendenziell weicheres ferroelektrisches Verhalten bei niedriger Cu-Konzentration (unter 0,25 mol% Cu) und härteres ferroelektrisches Verhalten bei höherer Cu Konzentration wurde auch von Zuo et al. an $(Na_{0,5}K_{0,5})_{0,96}Li_{0,04}(Ta_{0,1} Nb_{0,9})_{1-x}Cu_xO_{3-3x/2}$ beobachtet [Zuo08]. All diese Hypothesen in Bezug auf den Einbauplatz beruhen auf indirekten Schlussfolgerungen, die aus Röntgendaten und elektrischen Eigenschaften gezogen wurden. Ferroelektrische Eigenschaften sind jedoch nicht nur von Dotierungseffekten, sondern auch von Gefügeeigenschaften wie Korngrößen und Korngrenzphasen abhängig. Experimente zur direkten Bestimmung des Typs der Substitution von Cu in Alkali Niobaten wurden von Eichel et al. für KNN [Eic09] und Erünal et al. für $KNbO_3$ [Erü11] mit EPR Messungen durchgeführt. In beiden Untersuchungen wurde mit Cu-Konzentrationen von 0,25 mol% gearbeitet. Ergebnis dieser Experimente war, dass Cu in KNN und $KNbO_3$ in Form von Cu^{2+} auf dem B-Platz substituiert und durch Sauerstoffleerstellen kompensiert wird. Diese Form der Substitution wurde einerseits durch DFT Rechnungen bestätigt [Kör10] und stimmt andererseits mit den Schlussfolgerungen überein, die im Rahmen dieser Arbeit aus den Dilatometermessungen und den Gefügeeigenschaften gezogen wurden. Nach den EPR Resultaten nimmt Cu^{2+} einen Nb^{5+} Gitterplatz ein. Hinsichtlich des Substitutionsmechanismus liegt demnach eine Akzeptordotierung vor. Jedoch kann für KNN-Cu aus dieser Form der Substitution und der Ladungskompensation nicht unmittelbar gefolgert werden, dass sich diese Keramiken akzeptorartig verhalten. Akzeptorionen in bleihaltigen Ferroelektrika (PZT) bilden im allgemeinen Defektdipole mit einer Sauerstoffleerstellen. Die ferroelektrisch „harte" Charakteristik dieser Materialien wird vielfach der Wirkung von Defektdipolen, die durch ein elektrisches Dipolmoment eine Domänenbewegung behindern können, zugeschrieben. In KNN bilden sich jedoch nicht nur $(Cu_{Nb}''' - V_O^{\bullet\bullet})'$ Dipole mit einer, sondern auch solche mit zwei assoziierten Sauerstoffleerstellen $(V_O^{\bullet\bullet} - Cu_{Nb}''' - V_O^{\bullet\bullet})'$ [Erü11]. Während die Dipole mit einer Sauerstoffleerstelle analog zu den Dipolen in PZT und $BaTiO_3$ als elektrische Dipole wirken sollten [Arl93], [Eic07], [Zha08], verhalten sich die Cu-Ionen mit zwei assoziierten Sauerstoffleerstellen als mechanische Dipole. Die Auswirkungen dieses Typs von Dipolen auf die elektrischen Eigenschaften von Ferroelektrika sind bisher nur wenig bekannt. Da beide Arten von Dipolen in relativ hohen Konzentrationen vorhanden sind [Erü11], können „hardening" Effekte der $(Cu_{Nb}''' - V_O^{\bullet\bullet})'$ Dipole in Hinblick auf die elektrischen Eigenschaften durch die Wirkungen der $(V_O^{\bullet\bullet} - Cu_{Nb}''' - V_O^{\bullet\bullet})'$ Dipole kompensiert werden.

5.3. Bildung von Sekundärphasen in kupferdotiertem KNN

KNN-Cu mit Niob Überschuss weist in Abhängigkeit vom Cu-Gehalt deutliche Unterschiede in Bezug auf das Verdichtungsverhalten und die Gefügeausbildung auf. Dabei treten in allen KNN-Cu Keramiken Sekundärphasen auf. Die Bildung der Sekundärphasen hat Auswirkungen auf die A/B Stöchiometrie der KNN Zusammensetzungen. Eine Cu-Dotierung beeinflusst das Verhalten dieser Materialien damit sowohl unmittelbar über den Cu-Gehalt, als auch mittelbar über die Veränderung der A/B Stöchiometrie. Erster Schritt für die Diskussion der Wirkungen der Cu-Dotierung in diesen Keramiken ist die Identifikation der Sekundärphasen. Dabei wird zunächst die Problematik bei der Identifikation der Fremdphasen diskutiert und daraufhin die Entwicklung der Sekundärphasen in Abhängigkeit von Cu-Gehalt und Sintertemperatur dargestellt. Im folgenden Abschnitt werden zunächst die Wirkungen der Bildung der Sekundärphasen auf die A/B Stöchiometrie analysiert. Auf dieser Grundlage werden dann das Sinterverhalten und die Gefügeentwicklung der KNN-Cu Materialien diskutiert.

5.3.1. Identifikation der Sekundärphasen

Bevor die Entwicklung der Sekundärphasen von Niob-reichem KNN analysiert wird, sollen die Unterschiede zwischen den in diesem Teil angesprochenen Sekundärphasen in Bezug auf ihre Röntgenreflexe vorgestellt werden. Die durch Röntgendiffraktometrie identifizierten Verbindungen sind Wolfram Bronze Strukturen: die kupferfreien Strukturen $K_4Nb_6O_{17}$, $K_{5,75}Nb_{10,85}O_{30}$, $K_6Nb_{10,8}O_{30}$ und die kupferhaltige Verbindung $K_4CuNb_8O_{23}$. Als weitere im Zuge einer Identifikation der Sekundärphasen wichtige Verbindung werden die Reflexe von $K_6Nb_{10,88}O_{30}$ diskutiert. Die Diskussion der Unterscheidungsmerkmale hinsichtlich der Röntgenreflexe konzentriert sich dabei auf die Präsenz der Reflexe im Bereich der durch die Referenzdiagramme angegebenen Winkellagen. Eine Auswertung der genauen Reflexpositionen wurde nicht vorgenommen, da die Referenzdiagramme nur für Kalium Verbindungen vorliegen und sich durch die Bildung von K-Na Mischkristallverbindungen Verschiebungen der Reflexlagen ergeben können.

Die tetragonalen Wolfram Bronze Verbindungen $K_{5,75}Nb_{10,85}O_{30}$, $K_6Nb_{10,8}O_{30}$ und $K_4CuNb_8O_{23}$ gehören zur Raumgruppe P4/mbm und weisen sehr ähnliche Reflexe auf. Die Reflexe von $K_6Nb_{10,88}O_{30}$ (tetragonal) sind weitgehend gleich mit denen von $K_6Nb_{10,8}O_{30}$. Im Gegensatz dazu ist die Wolfram Bronze Struktur von $K_4Nb_6O_{17}$ orthorhombisch mit der Raumgruppe P21nb.

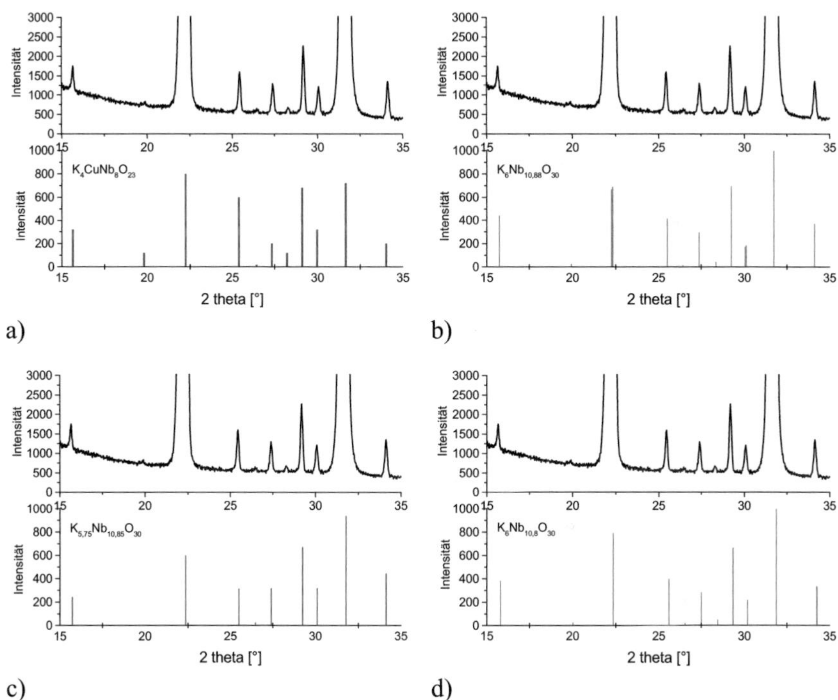

Abb. 5.12: Referenzreflexe der Sekundärphasen a) $K_4CuNb_8O_{23}$ (JCPDS: 41-0482) b) $K_6Nb_{10,88}O_{17}$ (JCPDS: 87-1856), c) $K_{5,75}Nb_{10,85}O_{30}$ (JCPDS: 38-0297) und d) $K_6Nb_{10,8}O_{30}$ (JCPDS: 76-0977) für 2θ von 20° bis 30° dargestellt zusammen mit dem Diffraktogramm einer KNN-2mol%Cu Keramik. KNN-Cu mit 0,5 und 1,0 mol% Cu weisen weitgehend ähnliche Reflexe für die Sekundärphasen auf.

In Abbildung 5.12 sind die Reflexe von $K_{5,75}Nb_{10,85}O_{30}$, $K_6Nb_{10,8}O_{30}$, $K_6Nb_{10,88}O_{30}$ und $K_4CuNb_8O_{23}$ im Winkelbereich von 23° bis 30° zusammen mit den Sekundärphasenreflexen aus dem Diffraktogramm einer KNN_Cu Keramik mit 2 mol% Cu gezeigt. Anhand der Diffraktogramme nicht unterscheidbar ist, ob $K_{5,75}Nb_{10,85}O_{30}$, $K_6Nb_{10,8}O_{30}$, $K_6Nb_{10,88}O_{30}$ oder $K_4CuNb_8O_{23}$ im Material enthalten sind, da die wesentlichsten Reflexe, bei 25,5, 27,5 und 29,5° in allen Phasen auftreten. Andererseits können durch diese Phasen alle Reflexe erklärt werden.

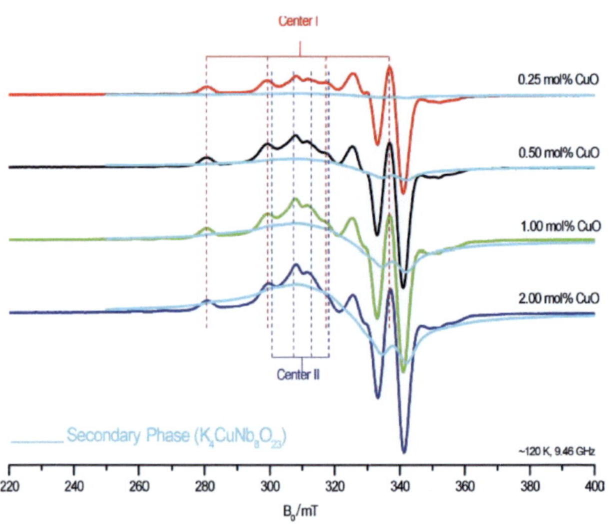

Abb. 5.13: EPR X-Band Spektren von KNN-Cu mit Niob Überschuss und Cu-Gehalten von 0,25 bis 2,0 mol%. Center I und Center II weisen auf das Signal von Cu^{2+} im KNN-Gitter hin, wenn Cu^{2+} mit einer O_2-Leerstelle kombiniert ist (Center II) oder mit zwei O_2-Leerstellen kombiniert ist (Center I). Unterlegt in hell blau ist das Signal von Cu^{2+} in $K_4CuNb_8O_{23}$ [Erü11].

Eine Eingrenzung des Sekundärphasenbestandes in diesen Materialien ist jedoch aufgrund von EPR Ergebnissen möglich. Die EPR Ergebnisse [Erü11] zeigen zum einen, dass eine Phase mit hohem Cu-Gehalt in den Keramiken enthalten ist, da die Spektren (X-Band 9,46 GHz) aller KNN-Cu Keramiken mit B-Platz Überschuss zusätzlich zu den Peaks für im KNN Gitter eingebautes Cu, einen breiten Peak bei etwa $B_0 = 310mT$ aufweisen (Abb. 5.13). Die starke Verbreiterung des Peaks resultiert dabei aus der

Wechselwirkung von relativ nahe benachbarten Cu-Atomen, wie sie nur in einer stark Cu-haltigen Phase auftreten kann. Die Intensität dieses Peaks steigt mit zunehmendem Cu Gehalt an. Zudem stimmt die Position dieses verbreiterten Peaks in den EPR Spektren mit der Position, die bei EPR Messungen an reinem $K_4CuNb_8O_{23}$ ermittelt wurde, überein. Somit kann man davon ausgehen, dass $K_4CuNb_8O_{23}$ in diesen Materialien enthalten ist.

Auch hinsichtlich der Cu-freien Polyniobatphasen kann eine weitere Eingrenzung in Hinblick auf die $K_6Nb_{10,88}O_{30}$ Phase auf der Basis der EPR Ergebnisse erfolgen. In $K_{5,75}Nb_{10,85}O_{30}$, $K_6Nb_{10,8}O_{30}$ und $K_4CuNb_8O_{23}$ liegt Niob ausschließlich mit der Wertigkeit Nb^{5+} vor. Hingegen tritt, sofern K einfach positiv und O zweifach negative Ladungen tragen, bei $K_6Nb_{10,88}O_{30}$ ein Teil des Niob in Form von Nb^{4+} auf. Im EPR Spektrum konnte jedoch kein Nb^{4+} nachgewiesen werden, sodass $K_6Nb_{10,88}O_{30}$ als Sekundärphase nicht in signifikantem Umfang in den KNN-Cu Keramiken enthalten sein kann. Als Ergebnis für den Sekundärphasenbestand in KNN-Cu Keramiken mit Nb Überschuss bei Cu-Gehalten von mehr als 0,5 mol% Cu kann daher davon ausgegangen werden, dass diese Keramiken auf jeden Fall $K_4CuNb_8O_{23}$ enthalten. Zusätzlich können diese Keramiken $K_{5,75}Nb_{10,85}O_{30}$ und/oder $K_6Nb_{10,8}O_{30}$ enthalten, ohne dass deren Existenz eindeutig nachgewiesen werden kann.

Das Diffraktogramm von KNN-Cu mit 0,25 mol% Cu zeigt im Vergleich zu den KNN-Cu Keramiken mit höherem Cu Gehalt jedoch weitere Reflexe (Abb. 5.14). Für die Identifikation der Sekundärphase $K_4Nb_6O_{17}$ ist besonders auf die Reflexe für 2θ bei 23,3° und 25,1° zu achten (Abb. 5.14b). Ein Reflex im Bereich von 23,3° kann keiner der anderen Polyniobatphasen zugeordnet werden. Reflexe im Bereich von 25°-26° sind auch in den anderen Polyniobatphase vorhanden, allerdings bei etwas höheren Winkellagen als für den $K_4Nb_6O_{17}$ Reflex (Abb. 5.14a). In den Diffraktogrammen der KNN-0,25Cu Keramik zeigen sich in diesem Winkelbereich hingegen zwei deutlich separierte Reflexe, von denen der Reflex bei kleinerem 2θ der $K_4Nb_6O_{17}$ zugeordnet werden kann.

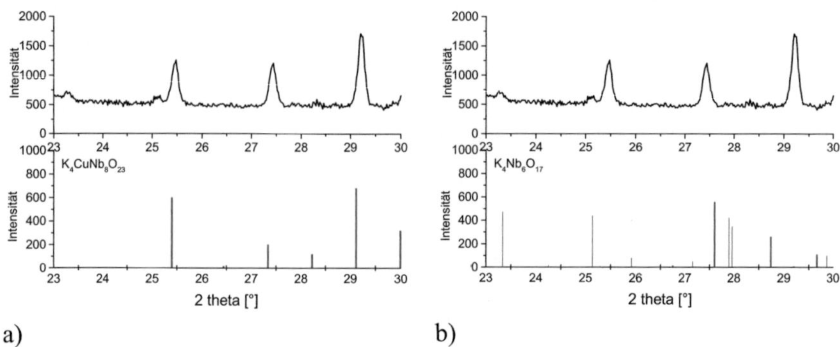

a)   b)

Abb. 5.14: Referenzdiffaktogramme von den Sekundärphasen für 2θ von $20°$ bis $30°$: a) $K_4CuNb_8O_{23}$ (JCPDS: 41-0482) und b) $K_4Nb_6O_{17}$ (JCPDS: 76-0977).

In den KNN-Cu Keramiken mit 0,25 mol% Cu sind somit mindestens zwei Sekundärphasen enthalten: $K_4CuNb_8O_{23}$ und $K_4Nb_6O_{17}$, die durch EPR bzw. Röntgenmessungen identifiziert werden können, und eventuell noch $K_{5,75}Nb_{10,85}O_{30}$ und $K_6Nb_{10,8}O_{30}$, deren Existenz jedoch nicht hinreichend nachgewiesen werden kann.

5.3.2 Sekundärphasenbildung und deren Einfluss auf die Stöchiometrie von

KNN-Cu

Das Phasendiagramm K_2CO_3-Nb_2O_5 weist $K_4Nb_6O_{17}$ als die dem Phasengebiet von $KNbO_3$ benachbarte stabile Phase auf der Niob-reichen Seite auf [Rei55]. In den KNN-Cu Keramiken bilden sich jedoch Sekundärphasen mit Zusammensetzungen, die in Bezug auf das Alkali/Niob Verhältnis zwischen denen von $KNbO_3$ und $K_4Nb_6O_{17}$ liegen. Ein ternäres Phasendiagramm K_2CO_3-Nb_2O_5-CuO ist nicht bekannt. Daher werden Überlegungen in Bezug auf die Bildung dieser Phasen anhand kinetischer Betrachtungen vorgenommen. Werden in Niob-reichem KNN Sekundärphasen vom Alkali-Niobat Typ gebildet, so steht Niob frei zur deren Bildung zur Verfügung. Dagegen muss Kalium (bzw. Na) zunächst aus der Perowskitstruktur diffundieren. Da Kalium und Natrium nicht frei zur Verfügung stehen, werden sich in den Nb-reichen Zusammensetzungen bevorzugt niobreiche Sekundärphasen bilden, während die Bildung von alkalireichen Sekundärphasen schwieriger ist.

Das Verhältnis K/Nb bzw. (K+Na)/Nb in den Sekundärphasen kann einen Anhaltspunkt auf einen möglichen Ablauf für die Sekundärphasenausbildung liefern. Die Sekundärphase $K_4CuNb_8O_{23}$ hat das geringste Alkali/Niob Verhältnis (K/Nb=0,50) und wäre somit am günstigsten zu bilden sofern Cu nicht im KNN-Gitter gelöst ist und in hinreichendem Umfang vorhanden ist. Die Bildung der strukturell ähnlichen, aber kupferfreien Sekundärphase $K_{5,75}Nb_{10,85}O_{30}$ sollte schwieriger sein, da aufgrund des K/Nb-Verhältnisses von 0,53 ein etwas stärkerer Ausbau von Alkaliionen aus der KNN Struktur erforderlich ist. Von den kupferfreien Alkali-Niobaten sollte demnach zunächst die tetragonale Wolfram Bronze Struktur auftreten. Für die Bildung der orthorhombischen Wolfram Bronze Struktur $K_4Nb_6O_{17}$ (K/Nb=0,67) ist hingegen wieder eine erhöhte Diffusion von Alkali aus der KNN Struktur erforderlich, wodurch die Bildung dieser Struktur kinetisch gehemmt sein dürfte.

Die Wechselwirkungen zwischen der Sekundärphasenbildung und der A/B Stöchiometrie von KNN-Cu kann anhand von Überlegungen diskutiert werden, aus welchen Quellen die zur Bildung der Sekundärphasen erforderlichen Elemente stammen. Da die Löslichkeit von Cu und Nb-Überschuss in KNN gering ist, ist in diesen Zusammensetzungen überschüssiges Cu und Nb vorhanden, welche die Bildung von Sekundärphasen begünstigt. Für eine Bildung der Sekundärphase $K_4CuNb_8O_{23}$ ist acht mal mehr Niob als Kupfer erforderlich. Zur Beurteilung der Auswirkungen auf die A/B Stöchiometrie in KNN wird nach den Gehalten an Cu und Nb Überschuss in den Zusammensetzungen unterschieden. Sind Nb- und Cu-Überschuss im für die Bildung von $K_4CuNb_8O_{23}$ richtigen Verhältnis vorhanden (Nb-Überschuss/Cu-Überschuss = 8), so ist für die Bildung dieser Sekundärphase noch Kalium erforderlich, welches nur aus der KNN Struktur entnommen werden kann. In diesem Fall führt die Diffusion von Alkali aus der KNN Struktur jedoch zu einer Niob-Anreicherung der KNN Matrix, was die Bildung weiterer niobreicher Alkali Niobate zur Folge haben kann. Ähnliche Auswirkungen auf die KNN Matrix ergeben sich bei Nb-Überschuss/Cu-

Überschuss > 8. In diesem Fall ist die Tendenz zur Bildung weiterer kupferfreier und niobreicher Alkali-Niobate in der Folge noch stärker. Zum einen kann wegen des Mangels an Cu weniger von $K_4CuNb_8O_{23}$ gebildet werden, zum anderen ist der Niob Überschuss höher, was die Bildung niobreicherer Sekundärphasen begünstigt (Abb. 5.15a).

Ist hingegen der Cu-Überschuss höher oder der Nb-Überschuss geringer, sodass ein Verhältnis Nb-Überschuss/Cu-Überschuss < 8 vorliegt, muss für eine Bildung von $K_4CuNb_8O_{23}$ nicht nur Alkali, sondern auch Niob aus der KNN Matrix entnommen werden. Ist der vorhandene Niob-Überschuss aufgebraucht, so wird dabei gemäß der Stöchiometrie von $K_4CuNb_8O_{23}$ doppelt so viel Nb wie K aus der KNN Matrix benötigt und die Bildung von $K_4CuNb_8O_{23}$ verschiebt die A/B Stöchiometrie der KNN Matrix zu einer alkali-reicheren Zusammensetzung im Vergleich zur nominellen Zusammensetzung. Damit wird die Tendenz zur Bildung weiterer niobreicher Alkali-Niobate deutlich geringer (Abb. 5.15b).

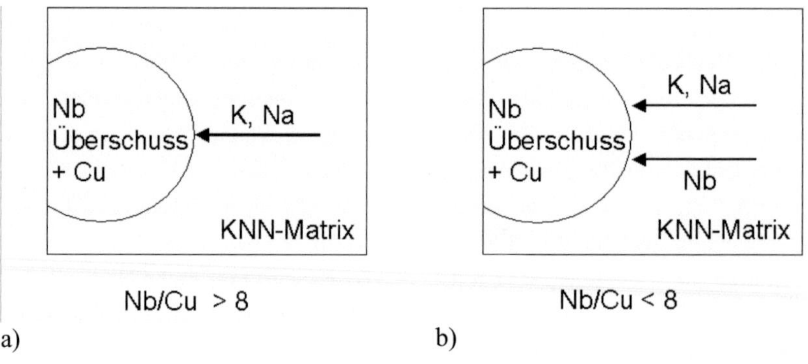

Abb. 5.15: Darstellung der zur Bildung von $K_4CuNb_8O_{23}$ erforderlichen Diffusion von Kationen aus der KNN Matrix in Abhängigkeit vom Verhältnis Nb-Überschuss/Cu-Überschuss: a) Nb/Cu > 8 und b) Nb/Cu < 8.

Die Zusammensetzung KNN-0,25 Cu entspricht tendenziell dem ersten Fall. Kupfer und Niob können, auch wenn nur im geringen Anteil, sich in der Perowskitstruktur auflösen. Da die Löslichkeitsgrenze von Niob im KNN wahrscheinlich kleiner als das achtfache der Löslichkeitsgrenze von Kupfer, steht noch überschüssiges Niob zur Bildung von $K_4Nb_6O_{17}$ und eventuell von $K_{5,75}Nb_{10,85}O_{30}$ und $K_6Nb_{10,8}O_{30}$ zur Verfügung (Tab. 5.1). Bei den Zusammensetzungen mit höheren Cu-Gehalten ist das Verhältnis von Nb-Überschuss zu Cu-Überschuss deutlich geringer (Tab. 5.1). Damit wird die Tendenz zur Bildung zusätzlicher Sekundärphasen kleiner, da für die Bildung von $K_4CuNb_8O_{23}$ mehr Niob als Alkali aus der KNN Matrix abgezogen werden. In der Praxis wird eine Alkali-Anreicherung in der KNN Matrix jedoch durch Abdampfung von überschüssigen Alkali Ionen begrenzt.

Eingewogene Zusammensetzung (Cu auf A, 2 mol% Nb-Überschuss)	Menge an KNN [mol%]	Cu-Gehalt [mol%]	Niob-Überschuss [mol%]	Nb-Üb./Cu
$((K_{0,5}Na_{0,5})_{0,9775}Cu_{0,0025})Nb\,O_{2,99125}$	97,75	0,25	2,25	9
$((K_{0,5}Na_{0,5})_{0,975}Cu_{0,005})Nb\,O_{2,9925}$	97,50	0,50	2,5	5
$((K_{0,5}Na_{0,5})_{0,97}Cu_{0,01})Nb\,O_{2,995}$	97,00	1	3	3
$((K_{0,5}Na_{0,5})_{0,96}Cu_{0,02})Nb\,O_3$	96,00	2	4	2

Tab. 5.1: Menge des für die Bildung von Sekundärphasen verfügbaren Kupfers und Niobs in mol%, für den Fall, dass sich eine Matrix aus stöchiometrischem KNN bildet und kein Cu in der KNN Matrix gelöst wird.

5.3.3. Entwicklung der Sekundärphasen in Abhängigkeit von Cu-Gehalt und Sintertemperatur

Die Entwicklung der Sekundärphasen in Nb-reichem KNN mit unterschiedlichen Kupfergehalten wird für Keramiken, die bei Temperaturen zwischen 1030°C und 1105°C gesintert wurden, diskutiert. Die Mechanismen der Bildung der verschiedenen Polyniobat Sekundärphasen und der Zusammenhang mit dem Ausbau von Alkali-Ionen aus der KNN Gitterstruktur wird dabei zunächst für undotiertes KNN mit 2 mol% B-Platz Überschuss dargestellt.

Die Entwicklung des Sekundärphasenbestandes in undotiertem KNN mit B-Platz Überschuss mit der Sintertemperatur ist in Abbildung 5.16 dargestellt. Nach Sinterung bei 1030°C zeigen die Röntgendiffraktogramme (Abb 5.16a) eindeutig das Vorhandensein von $K_6Nb_{10,8}O_{30}$ an. Ob in diesem Material zusätzlich noch $K_{5,75}Nb_{10,85}O_{30}$ enthalten ist, kann anhand der Diffraktogramme nicht entschieden werden. Das Alkali/Niob Verhältnis in den Sekundärphasen liegt demnach im Bereich nahe 6/10,8 (= 0,56). Bei Keramiken die mit höherer Temperatur (1080°C) gesintert wurden, wird zusätzlich die $K_4Nb_6O_{17}$ Sekundärphase gebildet. Somit erhöht sich das Alkali/Niob Verhältnis im Sekundärphasenbestand. Geht man von annähernd gleichen Molanteilen an $K_6Nb_{10,8}O_{30}$ und $K_4Nb_6O_{17}$ aus, so ergibt sich ein Alkali/Niob Verhältnis von 0,61 in den Sekundärphasen dieser Keramik. Mit zunehmender Sintertemperatur verschiebt sich die Zusammensetzung der Sekundärphasen somit zu alkalireicheren Verbindungen, da zunehmend Alkaliionen in das überschüssige Niob diffundieren. Zusätzlich können diejenigen Bereiche der KNN Matrix, aus denen Alkaliionen herausdiffundieren in Polyniobat Sekundärphasen umgewandelt werden. Die Abhängigkeit der Sekundärphasenbildung von der Sinterdauer bei einer Sintertemperatur von 1105°C ist in Abbildung 5.16b dargestellt. Nach kurzer Sinterdauer von 30 min zeigen die Röntgendiffraktogramme die zwei Sekundrphasen $K_6Nb_{10,8}O_{30}$ und $K_4Nb_6O_{17}$. Mit zunehmender Sinterdauer verschwindet die alkaliärmere $K_6Nb_{10.8}O_{30}$ Phase weitgehend und nach 16 h Sinterdauer sind im Diffraktogramm hauptsächlich $K_4Nb_6O_{17}$ und nur geringe Anteile von $K_6Nb_{10,8}O_{30}$ erkennbar. Das Alkali/Niob Verhältnis der Sekundärphasen wird in Richtung 0,67 verschoben.

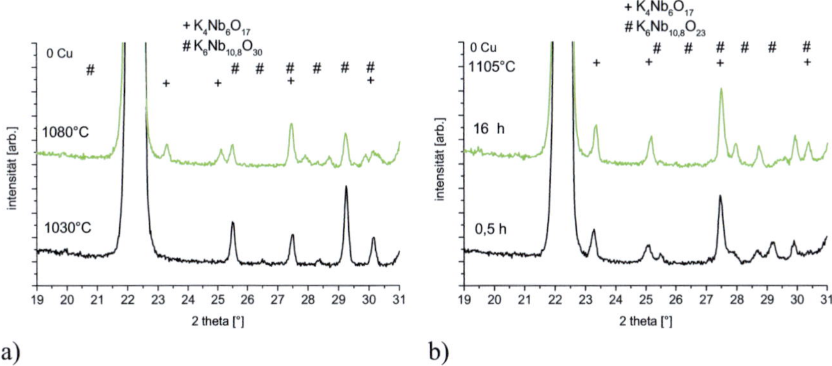

Abb. 5.16: Röntgendiffraktogramme der Sekundärphasenreflexe in KNN mit 2 mol% Niob Überschuss: a) nach Sinterung bei 1030°C und 1080°C b) nach Sinterung bei 1105°C für Sinterdauern von 0,5 und 16h.

Für die Probe mit 0,25mol% Cu bildet sich bei 1030°C erst $K_4CuNb_8O_{23}$. Wird die Sintertemperatur auf 1080°C erhöht, tauchen zusätzliche Reflexe auf, die der Sekundärphase $K_4Nb_6O_{17}$ zugeordnet werden können.

Die Proben mit 0,5 bis 2 mol% Cu zeigen, unabhängig von Sintertemperatur und Kupfergehalt ähnliche Reflexe auf (Abb. 5.17a, b, c und d), die sowohl von der Sekundärphase $K_4CuNb_8O_{23}$ als auch von $K_{5,75}Nb_{10,85}O_{30}$ stammen können .

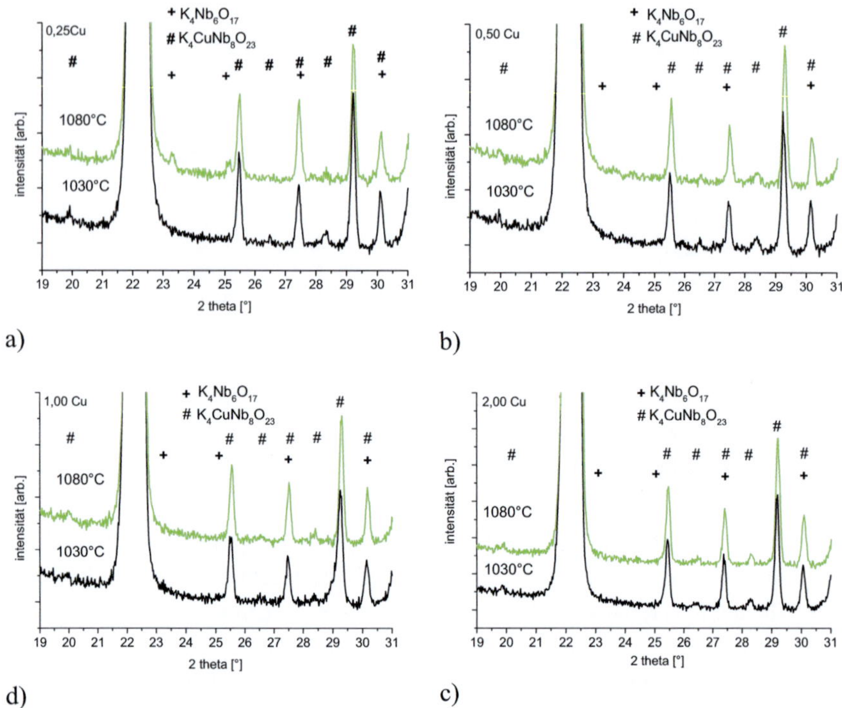

Abb. 5.17: Röntgendiffraktogramme von Niob-reichem KNN dotiert mit Cu, gesintert bei 1030°C und 1080°C/2h, 2θ von 19° bis 31°. Die möglich auftretenden Sekundärphasen sind gekennzeichnet.

Werden die Anteile der Sekundärphase für die KNN-Cu Keramiken anhand der Röntgenreflexe von KNN-Cu (I_{KNN} als Summe der Intensitäten der Reflexe [101] und [110]) und der Sekundärphasen (I_{p25} für den Peak bei 25,5°, I_{p27} für den Peak bei 27,5° und I_{p29} für den Peak bei 29,3°) quantitativ ausgewertet, so ergeben sich für die Verhältnisse der Reflexintensitäten

$$R = (I_{p25} + I_{p27} + I_{p29})/(I_{KNN})$$

eine leicht fallende Tendenz bis zu einem Cu-Gehalt von 1 mol%. Bei 2 mol% Cu Gehalt steigt das Intensitätsverhältnis deutlich an.

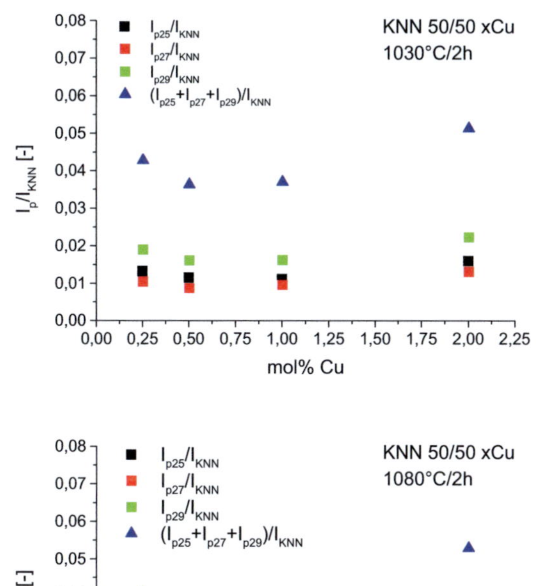

a)

b)

Abb. 5.18: Reflexintenitätsverhältnisse von Sekundärphasen zu KNN Reflexen in KNN-Cu Keramiken: a) gesintert bei 1030°C/2h und b) gesintert bei 1080°C/2h.

Würde in allen Zusammensetzungen ausschliesslich $K_4CuNb_8O_{23}$ als Sekundärphase gebildet werden, so wäre bei 2 mol% Cu mindestens ein 8-fach höherer Wert für $R=\sum(I_p)/I_{KNN}$ im Vergleich zu KNN mit 0,25 mol% Cu zu erwarten, da die Bildung dieser Phase durch den Cu-Gehalt limitiert wird. Die Schlussfolgerung aus den Intensitätsverhältnissen ist somit, dass die Reflexe bei 25,5°, 27,5° und 29,3° nur zum Teil der $K_4CuNb_8O_{23}$ Phase zugeordnet werden können. Ein anderer Teil der Intensität dieser Reflexe ist vermutlich auf die Bildung von $K_{5,75}Nb_{10,85}O_{30}$ zurückzuführen. Die Tendenz zur Bildung dieser Sekundärphase ist für KNN mit 0,25 mol% hoch, da auf Grund des geringen Cu-Überschusses relativ wenig $K_4CuNb_8O_{23}$ gebildet werden kann und somit ein Niob Überschuss verbleibt. Bei höherem Cu-Gehalt wird der Niob-Überschuss vor allem zur Bildung von $K_4CuNb_8O_{23}$ Phase verwendet, so dass kein überschüssiges Niob zur Bildung weiterer Sekundärphasen verfügbar ist. Quantitativ wird die Bildung der Sekundärphasen allerdings zusätzlich zur den gemäss Einwaage verfügbaren Mengen noch von der Abdampfung an Alkali und auch Cu beeinflusst.

5.3.4. Einfluss der Sekundärphasen auf Sinterverhalten und Gefügeausbildung

In Abhängigkeit vom Cu-Gehalt in B-reichem KNN werden sowohl das Sinterverhalten als auch die Mikrostruktur verändert. Die Bildung von Sekundärphasen und die daraus resultierende Modifikation der A/B Stöchiometrie spielt dabei eine wichtige Rolle bei der Verdichtung und der Gefügeentwicklung. Für eine Analyse der Vorgänge ist dabei nicht nur der Sekundärphasenbestand in der Keramik nach Abschluss der Sinterung, sondern auch die Entwicklung der Sekundärphasen in deren Verlauf von Bedeutung.

Sinterverhalten:

Mit steigendem Cu-Gehalt wird das Verdichtungsverhalten der KNN-Cu Materialien deutlich verbessert. Bei KNN-Cu mit 0,25mol% Cu setzt die Schwindung bei etwa $T_0 = 960°C$ ein und erreicht ihr Maximum bei einer Temperatur T_{max} von etwa 1100°C. Bei Dotierung mit 2 mol% Cu liegen T_0 und T_{max} jeweils etwa um 60°C niedriger. Annähernd dichte Keramiken können bei einer Cu-Dotierung mit 0,25 mol% erst bei Sintertemperaturen von 1105°C hergestellt werden, während bei einer Dotierung mit 2 mol% Cu die für eine Verdichtung erforderliche Sintertemperatur auf 1030°C reduziert werden kann. Bei der Verbesserung der Verdichtung kommt der $K_4CuNb_8O_{23}$ Phase eine entscheidende Rolle zu. $K_4CuNb_8O_{23}$ in Form der reinen Phase beginnt bereits ab 918°C zu verdichten und hat ein Schwindungsmaximum bei 1018°C. Anzeichen für die Bildung einer Flüssigphase werden in den KNN-Cu Keramiken bei Temperaturen ab 1050°C gefunden. Die bei der Sinterung verwendeten Al_2O_3 Unterlagen zeigen deutliche Spuren einer Verfärbung durch dunkle Materialanteile, die mittels Röntgenanalysen als $K_4CuNb_8O_{23}$

identifiziert werden konnten. Bei 1105°C treten in den Keramiken mit hohen Cu-Gehalten deutliche Anzeichen einer Entmischung auf. Zumindest bei höheren Temperaturen kann somit davon ausgegangen werden, dass die sinterfördernde Wirkung von $K_4CuNb_8O_{23}$ auf der Bildung einer Flüssigphase beruht. Hinsichtlich der Temperaturen bei der eine sinterfördernde Wirkung von $K_4CuNb_8O_{23}$ einsetzt, ist zu beachten, dass sich diese Phase zumindest bei den Materialien mit geringem Cu-Gehalt im Verlauf der Sinterung erst noch bilden muss.

In den kalzinierten Pulvern ist der Phasenbestand in Abhängigkeit vom Cu-Gehalt unterschiedlich. Während bei geringen Dotierungskonzentrationen keine Sekundärphasen nachweisbar sind, zeigt sich in KNN-Cu mit 2 mol% Kupfer $K_4CuNb_8O_{23}$ bereits nach Kalzinierung bei 775°C/5h. Die Auswirkungen der $K_4CuNb_8O_{23}$ Phase sind somit stark abhängig von der Kinetik. Die in Abhängigkeit vom Cu-Gehalt unterschiedlichen Temperaturen für den Sinterbeginn können nicht nur durch die verschiedenen Mengen an $K_4CuNb_8O_{23}$, sondern auch durch eine bei geringem Cu-Gehalt verzögerte Bildung dieser Phase bedingt sein. Des weiteren ist für eine Beurteilung der Auswirkungen zu beachten, dass die Phase vom $K_4CuNb_8O_{23}$ Typ auch in Form einer Mischkristallverbindung $(K, Na)_4CuNb_8O_{23}$ existieren kann. Die Auswirkungen auf die Verdichtungseigenschaften dieser Mischkristallphase sind bei Na Gehalten bis 20% relativ gering. In wieweit erhöhte Na-Konzentrationen in einer Phase dieses Typs auftreten können und welche Konsequenzen diese für deren Bildungskinetik und die Schwindungseigenschaften haben, ist noch offen.

Mikrostruktur:

Mit steigendem Cu-Gehalt weisen die im allgemeinen feinkörnigen Gefüge mit hohen Anteilen an Körnern von weniger als 1 μm zunehmende Anteile an vergleichsweise grobkörnigen Gefügebestandteilen auf. Die Größe der großen Körner nimmt von etwa 3 μm in KNN 0,25 mol% Cu auf 10μm in KNN mit 2 mol% Cu zu. Gleichzeitig wird die Form der kleinen Körner dahingehend modifiziert, dass diese bei hohen Cu Gehalten tendenziell eine kuboiden Form aufweisen. In wie weit die Bildung der $K_4CuNb_8O_{23}$ Phase die Gefügeentwicklung direkt beeinflusst ist nicht nachweisbar. Einen Ansatz zur Erklärung der Veränderung der Korngrößen und –formen bildet jedoch die mit der Sekundärphasenbildung verbundene Veränderung der A/B Stöchiometrie in KNN. Bei geringen Cu-Gehalten wird vergleichsweise wenig Sekundärphase gebildet. Hiefür ist in ausreichendem Maße Niob-Überschuss vorhanden, sodass zu Bildung von $K_4CuNb_8O_{23}$ nur Alkali aus der KNN Matrix abgezogen werden muss. Die A/B Stöchiometrie in den Zusammensetzungen KNN 0,25 mol% Cu und KNN 0,5 mol% Cu verbleibt somit mit deutlichem B-Platz Überschuss. Bei höheren Cu-Gehalten muss für eine Bildung von $K_4CuNb_8O_{23}$ mehr Niob als Alkali aus der KNN-Matrix entnommen werden was die A/B Stöchiometrie in der KNN Matrix tendenziell zu einer A-Platz reicheren Zusammensetzung verschiebt. Beide Gefügeänderungen bei hohen Cu-Gehalten, die grösseren Körner und die kuboide Formen, sind tendenziell Charakteristika von KNN mit einer niobarmen Zusammensetzung.

5.3.5. Pulverbettversuche

Um Informationen über die Verdampfungsvorgänge beim Sinterung von KNN zu gewinnen, wurden eine undotierte Probe und eine mit 0,25 mol% Cu dotierten Probe in einem Pulverbett aus 2 mol% A-reichen, undotierten KNN Pulver bei 1105°C/2h gesintert. Das Pulverbett sollte die Verdampfung des überschüssigen Alkalis aus den Proben unterdrücken. In den undotierten Proben mit A-Überschuss wurde die Bildung einer flüssigen, wahrscheinlich alkali-reichen Phase während des Sinterns festgestellt. Das Pulverbett, in dem die Cu-dotierte Probe gesintert wurde, weist nach dem Sintern im Vergleich zum Pulverbett, in dem die undotierte Probe gesintert wurde (Abb. 5.19a), eine hell-braune Färbung auf (Abb. 5.19b). Aus diesem Grund kann neben der flüssigen, wahrscheinlich alkali-reichen, Phase sich auch eine Cu-reiche Phase bilden. Neben die Verdampfung von Alkali kann auch die Verdampfung von Kupfer auftreten. Dieses Phänomen findet auch in den Proben mit 2 mol% Cu und unterschiedlichen A/B Verhältnissen (nicht mit hohen Nb-Überschuss) statt.

a)

b)

Abb. 5.19: Bilder vom Pulverbett aus undotierten KNN Pulver mit 2 mol% A-Überschuss: a) nach Sintern (1105°C/2h) einer undotierten KNN Probe mit 2 mol% A-Überschuss und b) nach Sintern (1105°C/2h) einer mit 0,25 mol% Cu KNN Probe mit 2 mol% A-Überschuss.

5.3.6. Verschiebung der Stöchiometrie in den drei KNN Zusammensetzungen mit 2 mol% Cu und geringen Änderungen des A/B Verhältnisses

KNN mit 2 mol% Cu Dotierung wurde neben der Zusammensetzung mit hohem Niobgehalt auch stöchiometrisch und mit den klassischen 2 mol% A- und B-Überschuss unter der Annahme einer B-Platz Besetzung des Kupferatoms synthetisiert (Kap. 4.5). Im Temperaturbereich zwischen 1037°C und 1080°C konnten nur relativ geringe Dichten erreicht werden. Abhängig vom A/B Verhältnis bilden sich unterschiedlichen Sekundärphasen. Da in jeder Probe Cu-haltige Sekundärphasen detektiert wurden, muss die Löslichkeit von Kupfer im KNN überschritten worden sein. Als Folge ist die KNN Matrix am Alkali-Platz im Vergleich zu der nominellen Zusammensetzung reicher geworden. Die Verdampfung von Alkaliatomen könnte dieser Anreicherung entgegenwirken und das nicht eingebaute Kupfer ausgleichen. Die Mikrostrukturen dieser KNN-2Cu Zusammensetzungen zeigen aber, im Vergleich zu den Mikrostrukturen von undotiertem und dem mit 0,25 mol% Cu-dotierten KNN, nicht die charakteristischen Gefügen einer stöchiometrischen, bzw. A- oder B-reichen KNN Zusammensetzung. Die A-reiche mit 2 mol% Cu-dotierte Probe zeigt zwar ähnlich grosse Körner aber nicht die typische kuboide Form. Die stöchiometrische mit 2 mol% Cu-dotierte Probe weist aber diese Eigenschaften auf, nicht aber die für eine stöchiometrische Zusammensetzung typischen intragranularen Poren. Solche Poren konnten hingegen in der Probe mit 2 mol% B-Überschuss und 2 mol%

Cu gefunden werden, in Verbindung mit grossen Körnern. Das 2 mol% B-reiche, undotierte KNN hat hingegen eine feinkörnige Mikrostruktur. In Tabelle 4.9 stehen die nominellen Zusammensetzungen dieser drei KNN-Varianten. Wird Kupfer wegen seiner geringen Löslichkeit in der KNN Struktur aus der nominellen Zusammensetzung genommen, wird eine starke Verschiebung des A/B Verhältnis festgestellt (Abb. 5.20).

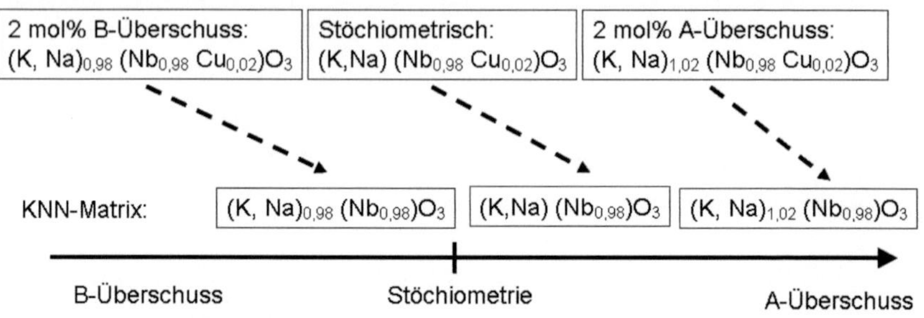

Abb. 5.20: Verschiebung des A/B Verhältnisses in den KNN-2Cu Zusammensetzungen durch die geringe Löslichkeit von Kupfer in der KNN-Matrix.

5.4. Anwendungsorientierte Eigenschaften von KNN-Cu

In Hinblick auf die Eigenschaften von KNN-Cu Keramiken kommt neben dem Einfluss von Cu auf die Defektstruktur (s. Abschnitt 5.2) und dem A/B Verhältnis, den Sekundärphasen eine wichtige Rolle zu. Als Grundlage für die Diskussion der anwendungsorientierten Eigenschaften wird zunächst eine einem Phasendiagramm ähnliche Darstellung gewählt, in der die Bildung von Sekundärphasen und die Verschiebung der A/B Verhältnisse berücksichtigt wird. Als anwendungsorientierte Eigenschaften werden in diesem Teil zuerst das Verdichtungsverhalten in Abhängigkeit vom A/B Verhältnis und dem Kupfergehalt diskutiert. Anschließend wird der Einfluss der Bildung von Sekundärphasen auf die chemische Stabilität der KNN-Cu Keramiken unter dem Einfluss von Feuchtigkeit erläutert. Daraufhin werden die Formen der Cu-Dotierung – über die Zugabe von Cu vor der Kalzinierung (Cu-Substitution, diese Arbeit) oder in Form eines Sinteradditives (Cu haltiges Additiv, Literaturdaten) zu undotiertem KNN – im Hinblick auf die Mikrostruktur verglichen. Schließlich werden die Dehnungen von KNN-Cu unter hohen elektrischen Feldern in Zusammenhang mit dem A/B Verhältnis, dem Kupfergehalt und der Dotierungsformen analysiert und die für Anwendungen interessanten Zusammensetzungen werden graphisch zusammengefasst.

5.4.1. Zusammenstellung der Sekundärphasen in KNN-Cu

In diesem Teil wird eine Zusammenstellung von den in KNN und KNN-Cu auftretenden Sekundärphasen vorgestellt (Abb. 5.21). Diese basiert zum grossen Teil auf Röntgenmessungen, deren Informationsgehalt durch REM-Bilder und die Ergebnisse aus Sinterversuchen mit Pulverbett sowie Resultaten aus EPR Experimenten ergänzt wurde. Dabei werden alle in dieser Arbeit vorgestellten Zusammensetzungen eingetragen. In den stöchiometrischen Zusammensetzungen (undotiert und Cu-dotiert) und in der undotierten Zusammensetzung mit 0,5 mol% Niob-Überschuss wurde keine Sekundärphase gefunden. Diese vier Zusammensetzungen gehören zu dem Bereich der Löslichkeit von Niob und Kupfer in der KNN Struktur. In der Abbildungen 5.21, 5.23 und 5.26 ist dieser Bereich in blau gefärbt dargestellt.

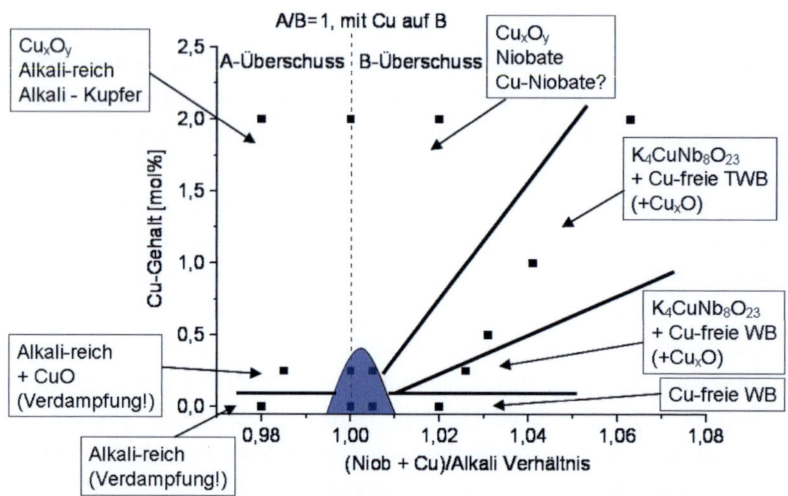

WB: Wolfram Bronze (orthorhombisch $K_4Nb_6O_{17}$ + tetragonal TWB)

Abb. 5.21: Zusammenstellung der auftretenden Sekundärphasen im KNN und KNN-Cu, abhängig vom (Niob + Cu)/Alkali Verhältnis und dem Kupfergehalt. Blauer Bereich: Löslichkeitsbereich von Nb und Cu in KNN.

In undotiertem KNN mit höherem Niob-Überschuss bilden sich kupferfreie Sekundärphasen, die eine orthorhombische ($K_4Nb_6O_{17}$) oder tetragonale ($K_{5,75}Nb_{10,85}O_{30}$ und $K_6Nb_{10,8}O_{30}$) Wolfram Bronze Struktur besitzen. Charakteristisch für die KNN-Cu Zusammensetzungen mit B-Platz Überschuss ist die Bildung der $K_4CuNb_8O_{23}$ Sekundärphase; sowie kupferfreie Sekundärphasen mit tetragonaler Wolframbronzestruktur ($K_{5,75}Nb_{10,85}O_{30}$ und $K_6Nb_{10,8}O_{30}$). Bei geringem Kupfergehalt (0,25 mol% Cu) wurde zusätzlich zu diesen Phasen die orthorhombische Wolfram Bronze $K_4Nb_6O_{17}$ nachgewiesen. In KNN-Cu mit höherem Kupfergehalt bildet sich hingegen die orthorhombische Phase nicht. Auf der anderen Seite des Diagramms weisen KNN-Cu Keramiken mit A-Überschuss Alkali-reiche Sekundärphasen und Kupferverbindungen auf. In der mit 2 mol% Cu dotierten stöchiometrischen Zusammensetzung bilden sich Kupferoxid und Niobate. Für KNN mit A-Platz Überschuss und geringerem Cu-Gehalt (0,25 mol%) ist anhand von Röntgendaten keine Sekundärphase nachweisbar. In den KNN-Cu Zusammensetzungen mit A-Platz Überschuss sowie den drei Zusammensetzungen mit 2 mol% Cu (Zusammensetzung mit höchstem (Nb+Cu)/Alkali Verhältnis ausgeschlossen) verdampft zudem ein Teil des Kupfers während der Sinterung. Die Sekundärphasenbildung ist somit von den Sinterbedingungen abhängig. Die Ergebnisse über die potentiell auftretenden Sekundärphasen für diesen Bereich der Graphik (Abb. 5.21) sind demzufolge entsprechend vorsichtig zu bewerten.

5.4.2. Sinterverhalten

KNN Proben mit Niob-Überschuss und steigendem Kupfergehalt von 0,25 mol% bis 2 mol% wurden hinsichtlich ihre Sintereigenschaften untersucht. In KNN-Cu Keramiken mit B-Platz Überschuss führt ein höherer Kupfergehalt zu niedrigeren Sintertemperaturen. Relative Dichten über 95% können für die Zusammensetzungen mit 1 mol% und 2 mol% schon nach dem Sintern bei 1080°C/2h erreicht werden. Für KNN mit 0,25 mol% und 0,5 mol% Kupfergehalt wurden vergleichbare relativ Dichten erst nach Sintern bei 1105°C/16h erreicht. Die Masseverluste bleiben bis 1 mol% Kupfergehalt bis 1080°C niedrig, für 2 mol% Kupfergehalt sind die Werte höher. Da die überschüssigen Mengen an Kupfer und an Niob weit über die Löslichkeitsgrenzen dieser Spezies im KNN sind, bilden sich die Sekundärphasen $K_4CuNb_8O_{23}$ und Polyniobate mit Wolfram Bronze Struktur. Die Mikrostruktur, mit feinen und einigen großen Körner wird durch einen steigenden Kupfergehalt zu gröberen Körnern und kubischeren Kornformen hin verändert.

Die stöchiometrische Zusammensetzung mit 0,25 mol% Cu-Dotierung auf dem B-Platz sintert in einem engen Temperaturbereich und weist eine niedrigere Dichte auf als undotiertes stöchiometrische KNN (4,25 bzw. 4,32 g/cm³). Beide weisen Mikrostrukturen mit großen Körnern mit intragranularen Poren auf. Stöchiometrisches KNN mit 0,25 mol% auf dem A-Platz verhält sich wie leicht B-reiches KNN und kann zu einer hohen Dichte gesintert werden (4,32 g/cm³). Die feinere Mikrostruktur bestätigt das zum B-reichen KNN ähnliche Verhalten. Zusammensetzungen mit A-Überschuss sintern bei niedrigeren Temperaturen, erreichen aber keine hohe Dichte. Grobkörnige Mikrostrukturen mit kuboiden Körnern sind typisch für diese Zusammensetzungen.

5.4.3. Einfluss der Feuchtigkeit auf die chemische Stabilität

In Abhängigkeit von der Zusammensetzung enthalten die KNN-Cu Keramiken verschiedene Arten von Sekundärphasen. Die KNN Keramik mit 0,25 mol% Cu enthält neben $K_4CuNb_8O_{23}$ noch $K_4Nb_6O_{17}$. Diese Phasen wurden auch in reiner Form als Keramik synthetisiert. Untersucht man die Reaktivität dieser beiden Phasen mit deionisiertem Wasser ergeben sich deutliche Unterschiede.

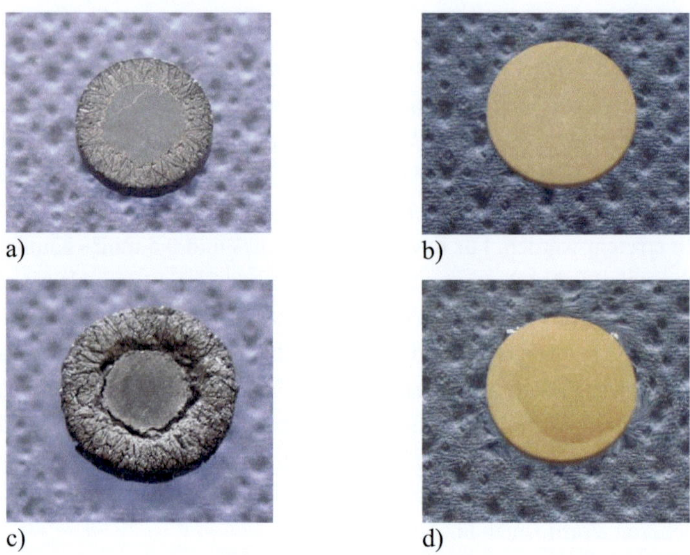

Abb. 5.22: Reaktivität der 2 Sekundärphasen mit deionisierten Wasser. Proben mit einer zu jeder Sekundärphase ähnlichen Struktur (röntgenographisch gleich) wurden getestet: a) Cu-dotierte $K_4Nb_6O_{17}$ (970°C/2h) im trockenen Zustand, das Sintern führt zu einer lamellaren Mikrostruktur am Rand. b) $K_4CuNb_8O_{23}$-ähnliche Keramik (1030°C/2h), im trockenen Zustand, c) Probe von a) 3 Sekunden nach Kontakt mit deionisierten Wasser, d) Probe von b) 15 Minuten nach Kontakt mit deionisierten Wasser.

Die Probe mit der $K_4Nb_6O_{17}$–ähnlichen Zusammensetzung reagiert sehr stark auf Wasser. Die Lamellen haben das Wasser schon nach einigen Sekunden „eingesaugt" und als Folge wird die Probe durch Quellung stark beschädigt (Abb. 5.22a und c). Der mittige Teil der Probe (feinkörnig) sieht nach mehreren Minuten auch stark beschädigt aus. Die Probe mit $K_4CuNb_8O_{23}$ Struktur bleibt hingegen vom Wasserangriff weitgehend unbeeinflusst (Abb. 5.22b und d). Die Schlussfolgerung aus diesem Experiment ist, dass die Anwesenheit von $K_4Nb_6O_{17}$–ähnlichen Sekundärphasen in KNN Proben vermieden werden sollte, da diese Sekundärphase mit der Feuchtigkeit aus der Atmosphäre reagieren könnte und zur Beschädigung der Probe führt. Im Gegensatz dazu ist die Anwesenheit einer $K_4CuNb_8O_{23}$-ähnlichen Sekundärphase in KNN Proben in dieser Hinsicht nicht negativ zu bewerten.

5.4.4. Vergleich Cu-Substitution gegenüber Cu-haltigen Sinteradditiven

In den Jahren 2004 und 2005 wurden Ergebnisse über die verbesserte Sinterung von KNN mittels Sinterhilfe von Matsubara et al. [Mat04], [Mat05] veröffentlicht. In Abbildung 5.23 sind diese Zusammensetzungen mit der in dieser Arbeit vorgestellten Zusammensetzungen dargestellt. Zunächst wird dabei der Unterschied zwischen den zwei Herstellungsverfahren erläutert: In dieser Arbeit wurden alle Ausgangsstoffen (Oxide und Karbonate) gemischt und dann kalziniert. Durch den Überschuss an Niob in Kombination mit einem steigenden Cu-Gehalt (von 0,25 bis 2 mol%) bildet sich in der Keramik die Sekundärphase $K_4CuNb_8O_{23}$. Im Gegensatz dazu haben Matsubara et al. aus vergleichbaren Ausgangsstoffen einerseits stöchiometrisches KNN durch Mahlung und Kalzination synthetisiert und anderseits die Phase $K_4CuNb_8O_{23}$ hergestellt. Die Pulver KNN und $K_4CuNb_8O_{23}$ (beide getrennt kalziniert) wurden gemischt und dann gesintert.

In den von Matsubara et al. synthetisierten Materialien erreicht die Keramik bei Zugabe von 0,5 mol% $K_4CuNb_8O_{23}$ eine hohe Dichte (4,40 g/cm³, 97,5% der theoretischen Dichte von KNN) bei niedrigerer Sintertemperatur als KNN und weist höhere Dehnung d_{33}^* bei Raumtemperatur (180 pm/V im Vergleich mit typischen Werten von 80-100 pm/V für KNN) auf [Mat04].

In den eigenen vergleichbaren Zusammensetzungen wurden fast so hohe Dehnungen wie in der Arbeit von Matsubara et al. [Mat04] gemessen. Hohe Dehnungen wurden auch für die im Rahmen dieser Arbeit hergestellten KNN Keramiken mit niedrigem Kupfergehalt (0,25 mol% und 0,5 mol%) gemessen. Jedoch sind die Herstellungsmethoden leicht anders: Matsubara et al. haben die Phase $K_4CuNb_8O_{23}$ zu stöchiometrischem KNN zugegeben, während sich in der hier vorgestellten Arbeit die Sekundärphase aus dem Ausgangsmaterial bilden. Bei der Synthese durch Substitution kommt es, bei den in dieser Arbeit verwendeteten Zusammensetzungen und Prozessbedingungen, zur Bildung weiterer Polyniobat-sekundärphasen. Diese Polyniobatsekundärphasen scheinen bei geringen Volumenanteilen in Bezug auf das Dehnungsverhalten keine nachteiligen Wirkungen zu haben, jedoch können diese Sekundärphasenanteile in Hinblick auf die chemische Stabilität unter Feuchtigkeit kritisch sein. Eine detaillierte Analyse des Sekundärphasenbestandes in KNN-Cu Keramiken die mit Hilfe $K_4CuNb_8O_{23}$ Sinteradditiv hergestellt wurden, ist nicht bekannt.

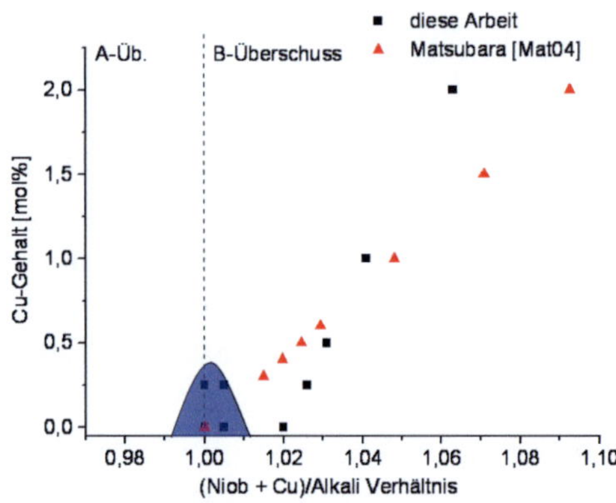

Abb. 5.23: Vergleich zwischen die in dieser Arbeit vorgestellten Zusammensetzungen und die Zusammensetzungen KNN + $K_4CuNb_8O_{23}$ von Matsubara et al. [Mat04]. Blauer Bereich: Löslichkeitsbereich von Nb und Cu in KNN.

In einer weiteren Arbeit von Matsubara et al. wurden auch KNN-Cu Keramiken nach einem der hier verwendeten Synthese vergleichbaren Mischoxid-Karbonat Verfahren hergestellt. Dabei wurde festgestellt, dass die mit 0,4 mol% Cu dotierten Proben mit stöchiometrischer Zusammensetzung oder Alkali-Überschuss hygroskopisch sind (die Proben zerfallen im Kontakt mit Wasser), während die mit Niob-Überschuss nicht hygroskopisch sind und mechanisch stabil bleiben. Bei der Untersuchung von 2 mol% Nb-reichem KNN mit 0,4 mol% Cu-Dotierung wurde eine hohe Dichte von 4,40 g/cm³ (97,5% der theoretischen Dichte von KNN) gemessen und $K_4CuNb_8O_{23}$ wurde als Sekundärphase bei der Röntgenmessung detektiert [Mat05]. Ein übereinstimmendes Ergebnis aller Syntheseverfahren ist somit, dass für die Herstellung chemisch stabiler KNN-Cu Keramiken eine Einwaage mit Niob Überschuss und die Gegenwart der Sekundärphase $K_4CuNb_8O_{23}$ wesentlich sind.

5.4.4.1. Vergleich der Mikrostrukturen zwischen den Herstellungsverfahren

Angesichts der guten elektrischen Eigenschaften des KNN mit $K_4CuNb_8O_{23}$ wird hier versucht, einen möglichen Einfluss des Herstellungsverfahrens auf die Mikrostruktur und piezoelektrischen Eigenschaften zu diskutieren. Die piezoelektrischen Eigenschaften von PZT sind stark von der Korngröße abhängig [Kun10], [Sak01], was wahrscheinlich auch auf KNN übertragbar ist. In diesem Teil werden die Mikrostrukturen von den in dieser Arbeit vorgestellten Zusammensetzungen (Kap. 4.4.4) mit den von Matsubara et al. veröffentlichen Mikrostrukturen [Mat05] verglichen.

Das kalzinierte stöchiometrische KNN wurde in den Arbeiten von Matsubara et al. mit verschiedenen Gehalten (bis 2 mol%) an $K_4CuNb_8O_{23}$ dotiert. Unter 0,4 mol% $K_4CuNb_8O_{23}$ konnten die Reflexe dieser Phase auf dem Röntgendiagramm der Keramik nicht identifiziert werden [Mat04], was auf einen möglichen Einbau der Atomen dieser Phase in die Perowskitstruktur von KNN hindeutet. Da die Matrix aus stöchiometrischem KNN besteht, wird eine grobkörnige Mikrostruktur mit intragranularer Porosität erwartet. Für 0,2 mol% $K_4CuNb_8O_{23}$ wurde keine Sekundärphase detektiert und die Mikrostruktur weist genau diese typischen Charakteristiken eines stöchiometrischen KNN auf (Abb. 5.24a). Bei identifizierbaren Gehalten an $K_4CuNb_8O_{23}$ (ab 0,5 mol%) ändert sich die Mikrostruktur wesentlich. Einige Körner zeigen kaum Wachstum, wobei einige andere bis 10µm wachsen können (Abb. 5.24b, c und d). Die REM-Untersuchungen an undotiertem KNN haben in dieser Arbeit gezeigt, dass überschüssiges Niob das Kornwachstum reduzieren kann. Aus diesem Grund kann diese veränderte Mikrostruktur in der Veröffentlichung von Matsubara et al. auf eine Niob-Anreichung der KNN Matrix zurückgeführt werden. Um diese Niob-Anreichung der KNN Matrix zu ermöglichen, diffundiert entweder Niob aus $K_4CuNb_8O_{23}$ in die KNN Matrix oder die Präsenz von $K_4CuNb_8O_{23}$ an den Korngrenzen ermöglicht eine verbesserte Diffusion von Alkali aus der KNN Matrix, was zu einer niobreicheren KNN Matrix führt. Werden die Mikrostrukturen der drei $K_4CuNb_8O_{23}$-haltige Keramiken verglichen (Abb. 5.24b, c und d), so zeigt sich, dass eine steigende Menge an $K_4CuNb_8O_{23}$ das Verhältnis zwischen den großen und den kleinen Körnern, zugunsten der kleinen Körner ändert.

Eine allgemeine Beobachtung ist jedoch, dass mit steigenden $K_4CuNb_8O_{23}$ Gehalt sowohl die kleinen als die großen Körner kleiner werden. Mit 0,5 mol% $K_4CuNb_8O_{23}$ sind die Körner zwischen 1 und 15µm groß und mit 2 mol% $K_4CuNb_8O_{23}$ erreichen nur einige Körner 10µm. Die in dieser Arbeit vorgestellten Zusammensetzungen weisen eine komplett gegensätzliche Entwicklung auf. Für steigenden Kupfergehalt, gekoppelt mit steigendem Niob Überschuss, deuten die Mikrostrukturen auf eine eindeutige Zunahme der Korngröße hin. In der Probe mit 2 mol% Cu sind die großen Körner bis zu 10µm groß.

Auf der Abbildung 5.23 sind die Zusammensetzungen mit dem Kupfergehalt als Funktion des (Niob + Kupfer) zu Alkali (B/A) Verhältnisses dargestellt. Die Mikrostrukturen der von Matsubara et al. untersuchten Zusammensetzungen zeigen eine Abnahme der Korngröße mit zunehmendem Cu-Gehalt (Abb. 5.24), während die Korngrößen bei den in dieser Arbeit synthetisierten Zusammensetzungen mit steigendem Cu-Gehalt zunehmen (Abb. 4.24). Hinsichtlich der nominellen Gesamtzusammensetzung unterscheiden sich die beiden Zusammensetzungsreihen. Bei geringen Cu-Gehalten ist der (Nb+Cu) Gehalt der von Matsubara hergestellten Materialien geringer, bei hohen Cu-Gehalten ist der (Nb+Cu) Gehalt höher als bei den im Rahmen dieser Arbeit hergestellten Materialien (Abb. 5.23). Eine mögliche Erklärung für die unterschiedlichen Tendenzen in der Mikrostrukturentwicklung mit steigendem Cu-Gehalt könnten die unterschiedlichen Nb+Cu Gehalte beider Zusammensetzungsreihen sein. Bei hohem Cu Gehalt verringert der hohe Nb-Gehalt in den Materialien von Matsubara das Kornwachstum. Die Auswirkungen von steigendem Cu-Gehalt, die eine Vergröberung der Gefüge bewirken können [Mat05] können durch Effekte aus einem erhöhten Niob-Überschuss in der KNN Matrix überkompensiert werden. In den nach der Mischoxid-Karbonat Route hergestellten Keramiken, ist der Niob-Gehalt geringer, sodass eine KNN Matrix mit geringerem Niob-Überschuss entsteht und größere Körner wachsen können.

Die Unterschiede in der A/B Stöchiometrie der KNN Matrix bilden einen Ansatzpunkt für die Erklärung der Korngrößen, jedoch beeinflussen auch die Bildung einer Flüssigphase und die Kinetik bei der Phasenausbildung die Korngrößen. In Folge der unterschiedlichen Herstellungsverfahren bei denen in einem Fall die $K_4CuNb_8O_{23}$ Phase schon vor der Sinterung vorhanden ist, im anderen Fall hingegen erst während der Sinterung gebildet wird, sind Unterschiede in Bezug auf die Kinetik des Kornwachstums zu erwarten.

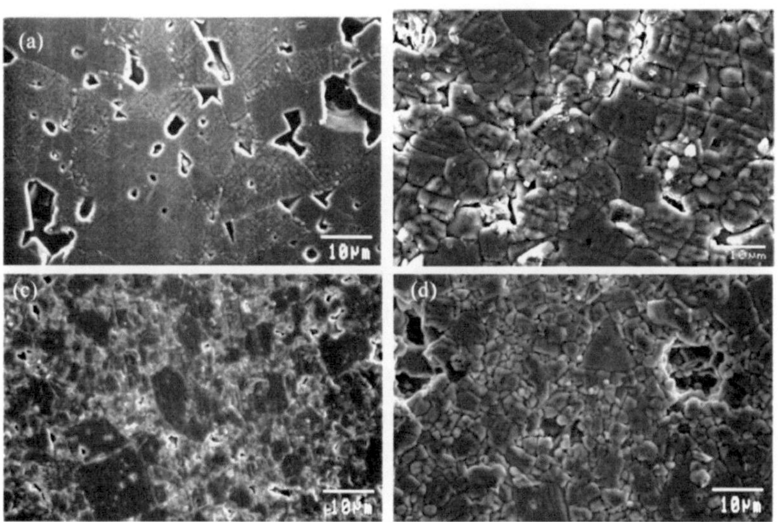

Abb. 5.24: REM Mikrostrukturen von stöchiometrischem KNN bei Zugabe verschiedener Mengen an $K_4CuNb_8O_{23}$, gesintert bei 1100°C/1h: a) 0,2 mol%, b) 0,5 mol%, c) 0,8 mol% und d) 2 mol% [Mat05].

5.4.4.2. Dehnungsverhalten

In der anwendungsbezogenen Beurteilung der Auswirkungen des Cu-Gehalts auf die piezoelektrischen Eigenschaften werden nachfolgend die Aspekte „Stöchiometrie der Zusammensetzungen" und „Anwendungsgebiete" betrachtet. Zunächst wird dabei gezeigt, dass eine stöchiometrische Zusammensetzung keine entscheidenden Vorteile gegenüber KNN-Cu mit $K_4CuNb_8O_{23}$ Sekundärphasen aufweist. Danach werden in Hinblick auf mögliche Anwendungsgebiete harte und weiche Eigenschaften der KNN Keramiken diskutiert. Die besten piezoelektrischen Eigenschaften werden, unabhängig davon ob KNN-Cu mit Niob-Überschuss direkt synthetisiert oder Cu in Form eines $K_4CuNb_8O_{23}$ Additivs zugegeben wird, in KNN-Cu Zusammensetzungen gefunden, die einen beträchtlichen Niob-Überschuss aufweisen. Die Eigenschaften dieser Materialien werden im letzten Abschnitt besprochen.

Ergebnisse aus der Literatur über stöchiometrisches KNN dotiert mit Cu zeigen einen schwachen Anstieg der Dehnung durch Kupferdotierung, unabhängig davon ob Cu als Additiv [Ahn08], [Li08] oder in Form von Cu-Substitution [Zuo08] zugegeben wird. Für Kupfergehalte über 0,5 mol% wurden sogar gleiche oder niedrigere Dehnungen als bei undotiertem stöchiometrischen KNN gemessen [Ahn08], [Li08], [Zuo08], [Par08]. Dieses Verhalten wurde sowohl für reines KNN als auch für mit Lithium und Tantal modifiziertes KNN gefunden. Zu hohe Kupfergehalte können auch zur erhöhten elektrischen Leitfähigkeit führen [Zuo08], [Par08]. Als Vorteil einer Kupferdotierung wurde in diesen Arbeiten aber die Verringerung der Sintertemperatur angeführt. Keramiken mit vergleichbaren Dehnungen konnten bei 950°C (statt über 1050°C für undotiertes KNN) gesintert werden. Der mechanische Gütefaktor Q_m ist mit Werten von 71 bis 1119 jedoch stark von der Korngröße abhängig [Li08]. Der Dotierungsgehalt wirkt auch auf die Mikrostruktur aber die Ergebnisse aus der Literatur können aufgrund der großen Unterschiede zwischen den beobachten Mikrostrukturen [Ahn08], [Li08], [Zuo08], [Par08] nicht zu einer eindeutigen kompletten Erklärung führen. Je nach Sintertemperatur und Kupfergehalt kann sich eine Flüssigphase entwickeln und das Kornwachstum wird dann schneller. Allgemein werden für die stöchiometrischen Zusammensetzung Dotierungen um die 0,5 mol% Cu als optimal angesehen [Li08], [Zuo08], [Par08]. Versuche zur Herstellung von kornorientierten KNN-Cu Keramiken mit Hilfe von reaktivem „templated grain growth" wurden von Takao et al. unternommen. Kupferdotierung ermöglicht auch in Zusammenhang mit „templated grain growth" bessere Kornorientierung und daraus folgend höhere Dehnungen [Tak06].

In KNN mit geringem (0,25 mol%) Cu-Gehalt und geringem Niob-Überschuss sind die Dehnungen im Vergleich zu KNN mit gleichem Cu-Gehalt, aber deutlichem Niob-Überschuss (2 mol%) um 25% geringer (154 pm/V verglichen mit 116 pm/V, bei 3 kV/mm) (Abb. 5.25). Materialien mit geringen Cu-

Gehalten, deren Zusammensetzungen näher an einem stöchiometrischen A/B Verhältnis von 1 liegen und keine Sekundärphasen aufweisen haben demnach eine geringere Dehnung als solche mit B-Platz Überschuss.

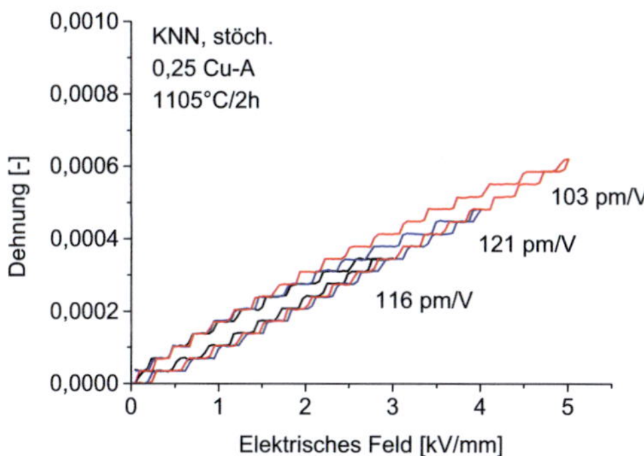

a)

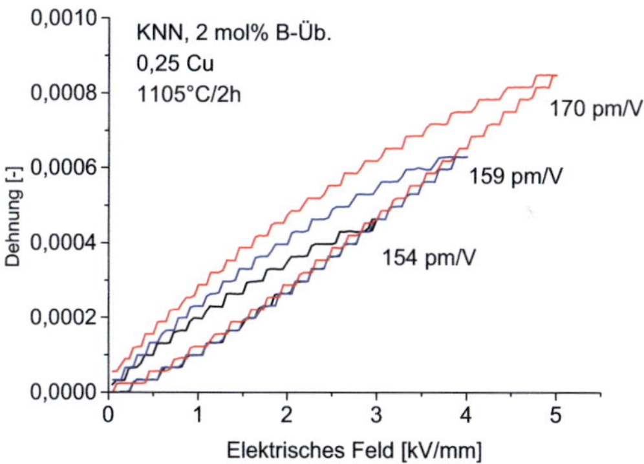

b)

Abb. 5.25: Unipolare Dehnung von KNN 0,25Cu, gesintert bei 1105°C/2h: a) $(K_{0,5}Na_{0,5})_{0,9975}$ $(NbCu_{0,0025})$ $O_{3,00125}$ (geringer Nb-Überschuss) und b) $(K_{0,5}Na_{0,5})_{0,9775}$ $(NbCu_{0,0025})$ $O_{2,99125}$ (hoher Nb-Überschuss).

In Analogie zu PZT Piezokeramiken weisen die auf KNN basierten bleifreien Zusammensetzungen tendenziell auch die Möglichkeit von „harten" und „weichen" piezoelektrischen Eigenschaften auf. Die „weichen" Piezokeramiken sind unter anderem durch hohe Dehnungen, niedrige mechanische Gütefaktoren Q_m, niedrige Koerzitivfeldstärke und einfache Polarisierbarkeit gekennzeichnet. Diese sind für Anwendungen in der Aktorik geeignet. Hier sind die mit Lithium, Tantalum und Antimon modifizierten KNN Zusammensetzungen vielversprechend [Sai04], [Sai06], [Zha09]. Dagegen sind die „harten" Piezokeramiken durch niedrige Dehnungen, hohe mechanische Gütefaktoren Q_m, hohe Koerzitivfeldstärken und schwierige Polarisierbarkeit gekennzeichnet. Diese Keramiken sind besonders für den Bereich der Sensorik und für Anwendungen in der Ultraschalltechnik geeignet. Von Li et al. wurde ein Ultraschallmotor entwickelt in dem Li-modifiziertes KNN mit Kupferdotierung (2 mol% Li bzw. 0,45 mol% Cu) verwendet wurde [Li08]. Bei dieser Anwendung sind der Schermodus und ein hoher Wert des mechanischen Gütefaktors Q_m (1400) wichtig. Erste Ergebnisse über die „harten" Eigenschaften von KNN mit $K_4CuNb_8O_{23}$ wurden von Zhang et al. und Lim et al. veröffentlicht. Mechanische Gütefaktoren Q_m um 1500 konnten für Proben mit 0,5 mol % $K_4CuNb_8O_{23}$ erreicht werden [Zha09], [Lim10], [Lim10a]. Die „harten" piezoelektrischen Eigenschaften in KNN werden bei Zugabe von $K_4CuNb_8O_{23}$ vermutlich durch den Einbau von Cu in die KNN Matrix verursacht.

Bei Cu-dotierten PZT Materialien beruht die ferroelektrisch „harte" Charakteristik auf $(Cu_{Zr\text{-}Ti}{''} - V_O^{\bullet\bullet})^x$ Defektdipolen, durch die mittels eines elektrisches Dipolmoments die Domänenbewegung behindert wird. In KNN bilden sich hingegen 2 Arten von Dipolen: $(Cu_{Nb}{'''} - V_O^{\bullet\bullet})'$ Dipole mit einer und $(V_O^{\bullet\bullet} - Cu_{Nb}{'''} - V_O^{\bullet\bullet})^{\bullet}$ Dipole mit zwei assoziierten Sauerstoffleerstellen [Erü11]. Die Dipole mit einer Sauerstoffleerstelle wirken analog zu den Dipolen in PZT und $BaTiO_3$ als elektrische Dipole [Arl93], [Eic07], [Zha08]. Hingegen wirken die $(V_O^{\bullet\bullet} - Cu_{Nb}{'''} - V_O^{\bullet\bullet})^{\bullet}$ als mechanische Dipole. Die Auswirkungen der mechanischen Dipole auf die elektrischen Eigenschaften von Ferroelektrika sind bisher nicht bekannt. In KNN kommen beide Typen von Dipolen in relativ hohen Konzentrationen vor [Erü11]. Daher können aus dem Gesamteffekt von beiden Arten von Dipolen in KNN Wirkungen resultieren, die einerseits charakteristisch für harte Ferroelektrika (hohes Qm) andererseits charakteristisch für weiche Ferroelektrika (hohe Dehnung) sind.

Die Abhängigkeit der elektrischen Eigenschaften von der Temperatur bei KNN mit Zugabe von $K_4CuNb_8O_{23}$ wurde bisher kaum untersucht. Lim et al. [Lim10] und Zhang et al. [Zha09] haben die relative Permittivität dieser Keramik mit einem K/Na Verhältnis von 45/55 für Temperaturen zwischen Raumtemperatur und 500°C gemessen. Aus diesen Messungen wurde die Temperatur für den Übergang von einer orthorhombischen Struktur zu einer tetragonalen Struktur (T_{o-t}) und die Curietemperatur T_c (Übergang von einer tetragonalen Struktur zu einer kubischen Struktur) abgeleitet. Für undotiertes stöchiometrisches KNN liegt T_{o-t} bei 211°C und T_c bei 419°C. Mit Zusatz von $K_4CuNb_8O_{23}$ nehmen diese Temperaturen leicht ab, bis ungefähr 200°C bzw. 409°C für KNN mit 1 mol% $K_4CuNb_8O_{23}$. Messungen des piezoelektrischen Scherkoeffizienten d_{15} an KNN 45/55 Keramiken zeigen, dass im Temperaturbereich zwischen 20°C und 180°C durch 0,5 mol% $K_4CuNb_8O_{23}$ keine wesentlichen Unterschiede im Temperaturverhalten bewirkt werden [Lim10]. In KNN 45/55 Keramiken beträgt nach Messungen von Zhang et.al [Zha09] der Unterschied zwischen den Übergangstemperaturen T_{o-t} bei undotiertem und bei KNN mit 0,5 mol% $K_4CuNb_8O_{23}$ Sinteradditiv nur 7°C (195°C gegenüber 188°C). Durch Cu-Zugabe im Bereich von geringen Dotierungsgehalten scheinen demnach keine wesentlichen Einflüsse auf das Dehnungsverhalten durch eine Verschiebung der Phasenlage der Materialien auszugehen.

KNN-Cu Keramiken mit 0,25 und 0,5 mol% Cu mit Niob-Überschuss erreichen Dehnungskoeffizienten $d_{33}*$ zwischen bzw. 142 bis 154 pm/V und 146 bis 158 pm/V für Sintertemperaturen zwischen 1080°C und 1105°C. KNN-Cu Keramiken mit 1 mol% Cu weisen für Sintertemperaturen von 1055°C bis 1080°C $d_{33}*$-Werte von 133 bis 144 pm/V auf. Für KNN mit 2 mol% Cu wurde ein $d_{33}*$-Wert von 134 pm/V für 1067°C als Sintertemperatur gemessen.

Als technisch-relevante Darstellung wurden aus der Abbildung 5.21 die A-reichen Zusammensetzungen gelöscht, da diese für Messungen unter hohen Feldern zu niedrige Dichte aufweisen. Die Dehnungen $d_{33}*$ der gemessenen Proben wurden eingetragen. Als Vergleichswerte wurden die von Matsubara et al. [Mat04] und Li et al. [Li08] untersuchten und zum Teil gemessenen Zusammensetzungen eingetragen (Abb. 5.26). Li et al. haben steigende Mengen an CuO zum stöchiometrischen KNN zugegeben und nur niedrige Dehnungen gemessen (75 bis 100 pm/V) [Li08]. Matsubara et al. haben steigenden Mengen an $K_4CuNb_8O_{23}$ als Sinterhilfe zu stöchiometrischem KNN zugegeben [Mat04]. Wird, wie bei Li et al. CuO zu stöchiometrischem KNN zugegeben, so erreicht man die höchste Dehnung bei einem Cu-Gehalt von 0.5 mol% mit $d_{33}^* = 100$ pm/V. Im Vergleich dazu wurde eine fast doppelt so hohe Dehnung von 180 pm/V gemessen, wenn 0,5 mol% Cu in Form des Sinteradditivs $K_4CuNb_8O_{23}$ zugegeben wurde [Mat04]. Durch diese Form der Dotierung wird gleichzeitig der Niob Gehalt der Gesamtzusammensetzung erhöht. Für die in dieser Arbeit vorgestellten Zusammensetzungen wurden ähnlichen Dehnungen gemessen. Für eine einfache Zugabe von 2 mol% Cu $((K_{0,5}Na_{0,5})_{0,98}(Nb_{0,98}Cu_{0,02})O_{2,96})$ wurden 80 pm/V gemessen. Die Zusammensetzung mit 0,25 mol% Cu und geringem Nb-Überschuss zeigt eine höhere Dehnung (120 pm/V). Noch höhere Dehnungen wurden bei der Kombination von Niobüberschuss und Kupferdotierung erreicht.

Eine Dehnung von 153 pm/V konnte an der Probe mit Niobüberschuss und 0,25 mol% Kupfer gemessen werden, wegen der Bildung von der für Feuchtigkeit empfindlichen Sekundärphase $K_4Nb_6O_{17}$ erweist sich dieses Material jedoch als technisch ungeeignet. Bei höheren Kupfergehalten wiesen die Proben die Bildung von $K_4CuNb_8O_{23}$ und kupferfreien tetragonalen Wolfram Bronze Strukturen auf und zeigten hohe Dehnungen. Die Probe mit 0,5 mol% Cu erreicht 157 pm/V und liegt nahe an der Zusammensetzung von Matsubara et al. [Mat04]. Für Cu-Gehalte von 1 und 2 mol% nehmen die Dehnungen leicht auf 144 pm/V bzw. 134 pm/V ab. Dieser auf der Abbildung 5.26 gezeichnete Bereich, in dem neben der KNN Matrix $K_4CuNb_8O_{23}$ und eventuell kupferfreie tetragonale Wolfram Bronze Strukturen (abhängig von der Herstellung) anwesend sind, scheint für technisch-relevante Anwendungen interessant zu sein.

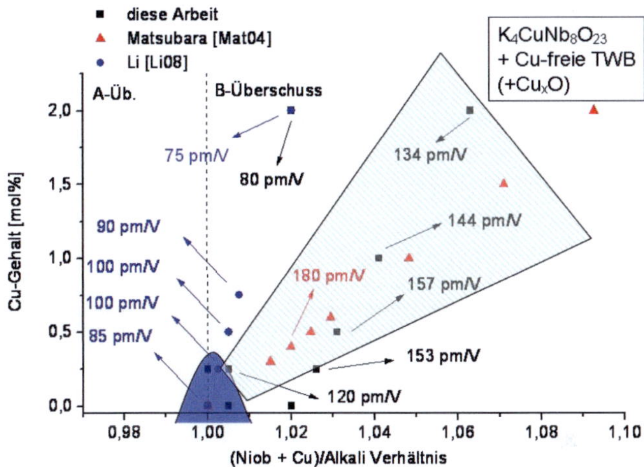

TWB: tetragonale Wolfram Bronze

Abb. 5.26: Zusammenstellung der piezoelektrischen Dehnungen d$_{33}$*. Die in dieser Arbeit bei hohem elektrischem Feld charakterisierten Zusammensetzungen sind mit einer ebenfalls bei hohem elektrischem Feld gemessenen Probe von Matsubara et al. [Mat04] und mit fünf bei niedrigem elektrischem Feld gemessenen Proben von Li et al. [Li08] verglichen. Das Feld der aussichtsreichen Zusammensetzungen ist gekennzeichnet. Blauer Bereich: Löslichkeitsbereich von Nb und Cu in KNN.

6. Zusammenfassung

In der vorliegenden Arbeit wurde zuerst der Einfluss von unterschiedlichen Alkali-zu Niob Verhältnissen bei undotiertem $(K_{0,5}\,Na_{0,5})NbO_3$ (KNN) und KNN mit geringer Kupferdotierung auf das Sinterverhalten, die Strukturbildung und die Mikrostruktur von KNN vorgestellt. Die undotierte stöchiometrische Zusammensetzung sintert nach Dilatometermessungen in einem engen Temperaturbereich und erreicht hohe Dichten. Ihre Mikrostruktur weist charakteristische große Körner mit intragranularen Poren auf, die typisch für schnelles Kornwachstum sind. Mit 2 mol% Alkaliüberschuss fängt das im Vergleich zu stöchiometrischem KNN langsame Sintern bei niedrigen Temperaturen an und ist durch die Bildung einer flüssigen Phase gekennzeichnet. Die Dichten sind niedrig. Durch diese flüssige Phase können die Körner in einer kuboiden Form wachsen. Bei Niobüberschuss beginnt das Sintern bei höheren Temperaturen. Ein geringer Überschuss (0,5 mol%) kann zu hohen Dichten führen, ein zu hoher Überschuss (2 mol%) hingegen führt zu mittelmäßigen Dichten. Nach dem Sintern ist die Zusammensetzung mit 2 mol% Niobüberschuss durch die Bildung von verschiedenen Sekundärphasen, abhängig von den Sinterbedingungen, gekennzeichnet. Die feuchtigkeitsempflindliche Phase $K_4Nb_6O_{17}$ bleibt nach Sintern bei hohen Temperaturen erhalten. Mit Niobüberschuss findet kaum Kornwachstum im Vergleich zu den anderen Zusammensetzungen statt. Bei der Dotierung mit 0,25 mol% Kupfer konnte für die Zusammensetzungen mit entweder Alkali- oder Niobüberschuss im Vergleich zu undotiertem KNN kaum ein Unterschied gefunden werden. Die Wirkungen eines Überschusses sind stärker als die einer geringen Kupferdotierung. Um die stöchiometrische Zusammensetzung zu identifizieren, wurden zwei Pulver mit unterschiedlichen Annahmen in Bezug auf den Einbauplatz von Cu hergestellt: ein Ansatz mit Kupfer substituierend auf dem Alkaliplatz und ein weiterer Ansatz Kupfer substituierend auf dem Niobplatz. Durch den für das stöchiometrische KNN charakteristischen Verlauf der Dilatometermessung und die typische Mikrostruktur konnte festgestellt werden, dass die Kupferionen auf dem Niobplatz eingebaut werden.

Höhere Kupfergehalte wurden zu Nb-reichem KNN zugegeben, um die Dichte der Proben zu erhöhen. Mit steigenden Kupfergehalt (bis 2 mol%) beginnt das

Sintern der jeweiligen Keramiken bei niedrigeren Temperaturen. Proben mit niedrigem Kupfergehalt brauchen höhere Temperaturen und lange Haltezeiten, um hohe Dichten zu erreichen, während die Proben mit hohem Kupfergehalt schon bei relativ niedrigen Sintertemperaturen hohe Verdichtungsgrade erreichen. Kupfer führt auch zur Bildung von größeren Körnern, jedoch bleibt diese Wirkung im Vergleich zur Wirkung von Alkaliüberschuss oder einer stöchiometrische Zusammensetzung eher gering. Durch die Kombination einer Kupferdotierung und Niobüberschuss bildet sich schon bei niedrigen Sintertemperaturen die Sekundärphase $K_4CuNb_8O_{23}$, die als Sinterhilfe wirkt. Zudem wurde die Bildung von kupferfreien Polyniobaten mit gleicher tetragonaler Wolfram Bronze Struktur nachgewiesen. Ab 0,5 mol% Kupfer bildet sich die feuchtigkeitsempfindliche Phase $K_4Nb_6O_{17}$ nicht mehr. Durch elektrische Messungen wurde die Phase $K_4CuNb_8O_{23}$ als Dielektrikum identifiziert. Proben die diese Phase enthalten, zeigten im Vergleich zu einer phasenreinen Probe mit 0,25 mol% Kupfer deutlich höhere piezoelektrische Dehnungen, die aus Veränderungen der Defektstruktur und der Mikrostruktur resultieren können. Die Zusammensetzung mit Niobüberschuss und 0,5 mol% erreicht 154 pm/V bei 3 kV/mm und könnten als bleifreie harte Piezokeramik PZT ersetzen.

7. Literatur

[Ahn08] C.W. Ahn, M. Karmarkar, D. Viehland, D.H. Kang, K.S. Bae und S. Priya: *"Low Temperature Sintering and Piezoelectric Properties of Cu-Doped $K_{0.5}Na_{0.5}NbO_3$ Ceramics"*, Ferroel. Lett., **35**, 55-72, 2008.

[Ahn09] C.-W. Ahn, C.-S. Park, C.-H. Chang, S. Nahm, M.-J. Yoo, H.-G. Lee, S. Priya: *"Sintering Behavior of Lead Free (K,Na)NbO$_3$-Based Piezoelectric Ceramics"*, J. Am. Ceram. Soc., **92** [9], 2033-2038, 2009.

[Arl93] G. Arlt und U. Robels: *"Aging and fatigue in bulk ferroelectric perovskite ceramics"*, Integrated Ferro., **3**, 343-349, 1993.

[Azo11] F. Azough, M. Wegrzyn, R. Freer, S. Sharma und D. Hall: *"Microstructure and piezoelectric properties of CuO added (K, Na, Li)NbO$_3$ lead-free piezoelectric ceramics"*, J. Eur. Ceram. Soc., **31**, 569-576, 2011.

[Bäu10] M. Bäurer, S.-J. Shih, C. Bishop, M.P. Harmer, D. Cockayne und M. J. Hoffmann: *"Abnormal grain growth in undoped strontium and barium titanate"*, Act. Mater., **58**, 290-300, 2010.

[Bir06] H. Birol, D. Damjanovic und N. Setter: *"Preparation and characterization of $(K_{0.5}Na_{0.5})NbO_3$ ceramic"*, J. Eur. Ceram. Soc., **26**, 861-866, 2006.

[Bla89] R. Blachnik und E. Irle: *"Das System $KNbO_3 - Nb_2O_5$"*, J. Therm. Anal., **35**, 609-615, 1989.

[Cah77] J.W. Cahn: *"Critical Point Wetting"*, The Journal of Chemical Physics, **66** [8], 3667-3672, 1977.

[Chi97] Y.-M. Chiang, D. Birnie und W. D. Kingery, *Physical Ceramics*, Wiley, New-York, 1997.

[Chu02] S.-Y. Chung, D.-Y. Yoon und S.-J. L. Kang: *"Effects of donor concentration and Oxygen Partial Pressure on Interface Morphology and Grain Growth Behavior in SrTiO$_3$"*, Acta Materialia, **50,** 3361-3371, 2002.

[Cob62] R. L. Coble: *"Sintering Alumina: Effect of Atmospheres"*, J. Am. Ceram. Soc., **45** [3], 123-127, 1962.

[Cur80] P. Curie and J. Curie: *"Sur l'électricité polaire dans les cristaux hémièdres à faces inclinées"*, Comptes rendus de l'Académie des Sciences, t. XCI, p. 383, séance du 16 août 1880, 1880.

[Cur81] P. Curie and J. Curie: *"Contractions et dilatations produites par des tensions électriques dans les cristaux hémièdres à faces inclinées"*, Comptes rendus de l'Académie des Sciences, t. XCIII, p. 1137, séance du 26 décembre 1881, 1881.

[Bom07] P. Bomlai, P. Wichianrat, S. Muensit und S. J. Milne: *"Effect of Calcination Conditions and Excess Alkali Carbonate on the Phase Formation and Particle Morphology of Na$_{0,5}$K$_{0,5}$NbO$_3$ Powders"*, J. Am. Ceram. Soc., **90** [5], 1650-1655, 2007.

[Dam10] D. Damjanovic, N. Klein, J. Li, V. Porokhonskyy: *"What can be expected from Lead-Free piezoelectric materials?"*, Funct. Mat. Lett., **3**, 5-13, 2010.

[Ege59] L. Egerton und D. M. Dillon: *"Piezoelectric and Dielectric Properties of Ceramics in the System Potassium-Sodium Niobate"*, J. Am. Ceram. Soc., **42** [9], 438-442, 1959.

[Eic07] R.-A. Eichel: *"Defect structure of oxide ferroelectrics—valence state, site of incorporation, mechanisms of charge compensation and internal bias fields"*, J. Electroceram., **19**, 9-21, 2007.

[Eic09] R.-A. Eichel, E. Erünal, M. D. Drahus, D. M. Smyth, J. van Tol, J. Acker, H. Kungl and M. J. Hoffmann: *"Local variations in defect polarization and covalent bonding in ferroelectric Cu^{2+}-doped PZT and KNN functional ceramics at the morphotropic phase boundary"*, Phys. Chem. Chem. Phys., **11**, 8698-8705, 2009.

[Erü11] E. Erünal: *"Structural Characterization of CuO-doped Alkali Niobate Piezoelectric Ceramics by Electron Paramagnetic Resonance Spectroscopy"*, Dissertation, Albert-Ludwigs-Universität Freiburg im Breisgau, 2011.

[EU03] Richtlinie 2002/95/EG des Europäischen Parlaments und des Rates vom 27. Januar 2003 zur Beschränkung der Verwendung bestimmter gefährlicher Stoffe in Elektro- und Elektronikgeräten; Stand 10.03.2011:
http://eur-
lex.europa.eu/LexUriServ/LexUriServ.do?uri=CELEX:32002L0095:DE:NOT

[Fis08] J.G. Fisher, A. Bencan, J. Godnjavec und M. Kosec: *"Growth behaviour of potassium sodium niobate single crystals grown by solid-state crystal growth using $K_4CuNb_8O_{23}$ as a sintering aid"*, J. Eur. Ceram. Soc., **28**, 1657-1663, 2008.

[Fis09] J. G. Fisher und S.-J. L. Kang: *"Microstructural changes in $(K_{0,5}Na_{0,5})NbO_3$ ceramics sintered in various atmospheres"*, J. Eur. Ceram. Soc., **29** [12], 2581-2588, 2009.

[Flü77] U. Flückiger, H. Arend und H. Oswald: *"Synthesis of $KNbO_3$ powder"*, J. Am. Ceram. Soc., **56**, 575-577, 1977.

[Gas86] M. Gasperin and M. Le Bihan: *"Mecanisme d'hydratation des niobates alcalins lamelaieres de formule $A_4Nb_6O_{17}$ (A=K, Rb, Cs)"*, J. Sol. State Chem., **43**, 346–53, 1986.

[Ghi05] M. Ghita, M. Formari, D. J. Singh und S. V. Halilov: *"Interplay between A-site and B-site driven instabilities in perovskites"*, Phys. Rev. B, 72, 054114, 2005.

[Hew73] A. W. Hewat: *"Cubic–Tetragonal–Orthorhombic–Rhombohedral Ferroelectric Transitions in Perovskite Potassium Niobate: Neutron Powder Profile Refinement of the Structure"*, J. Phys. C: Sol. State Phys., **6**, 2559–72, 1973.

[Hew74] A. W. Hewat: *"Neutron Powder Profile Refinement of Ferroelectric and Antiferroelectric Crystal Structures: Sodium Niobate at 22°C"*, Ferroelectrics, **7**, 83–5, 1974.

[Hol07] E. Hollenstein: *"Preparation and Properties of $KNbO_3$ Based Piezoceramics"*, PhD Thesis, EPFL Lausanne, 2007.

[Irl91] E. Irle, R. Blachnik und B. Gather: *"The Phase Diagrams of Na_2O and K_2O with Nb_2O_5 and the Ternary System $Nb_2O_5 - Na_2O$- Yb_2O_3"*, Thermochimica Acta, 179, 157-169, 1991.

[Jae62] R.E. Jaeger und L. Egerton: *"Hot pressing of Potassium-Sodium Niobates"*, J. Am. Ceram. Soc., **42**, 209-213, 1962.

[Jaf71] B. Jaffe, W. R. Cook Jr. und H. Jaffe, *Piezoelectric ceramics*, Academic Press Limited, R:A:N: Publishers, Marietta, OH, 1971.

[Jen03] D. Jenko, B. Malic, J.B. Bernard, J. Cilensek und M. Kosec: *"Synthesis and sintering of KNN 50/50 ceramics"*, Materials Technology, **37**, 49-52, 2003.

[Jen05] D. Jenko, A. Bencan, B. Malic, J. Holc und M. Kosec: *"Electron Microscopy Studies of Potassium Sodium Niobate Ceramics"*, Microsc. Microanal., **11**, 572-580, 2005.

[Kom03] R. Komatsu, K. Nishikori, T. Okeya, K. Ikeda and Y. Akishige: *"A New Phase in Binary System K_2O-Nb_2O5: $K_5Nb_9O_{25}$ and its Ferroelectric Properties"*, Jap. J. Appl. Phy., **42**, 6106–9, 2003.

[Kör10] S. Körbel, P. Marton und C. Elsässer: *"Formation of vacancies and copper substitutionals in potassium sodium niobate under various processing conditions"*, Phys. Rev. B, **81**, 174115, 2010.

[Kos75] M. Kosec und D. Kolar: *"On Activated Sintering and Electrical Properties of NaKNbO₃"*, Mat. Res. Bull., **10**, 335-340, 1975.

[Kos10] M. Kosec, B. Malic, A.B. Golob, T. Rojac, J. Tellier: *"Alkaline Nionate Based Piezoceramics: Crystal Structure, Synthesis, Sintering and Microstructure"*, Funct. Mat. Lett., **3**, 15-18, 2010.

[Kun10] H. Kungl und M. J. Hoffmann: *"Effects of sintering temperature on microstructure and high field strain of niobium-strontium doped morphotropic lead zirconate titanate"*, J. App. Phys., **107**, 054111, 2010.

[Lei98] E. R. Leite, M. A. L. Nobre, M. D. Ribeiro, E. Longo und J. A. Varela: *"The effect of heating rate on the sintering of agglomerated NaNbO₃ powders"*, J. Mater. Sci., **33**, 4791-4795, 1998.

[Li07] E. Li, H. Kakemoto, S. Wada, und T. Tsurumi: *"Influence of CuO on the Structure and Piezoelectric Properties of Alkaline-Niobate Based Lead-Free Ceramics"*, J. Am. Ceram. Soc., **90**, 1787-1791, 2007.

[Li08] E. Li, H. Kakemoto, T. Hoshina und T. Tsurumi: *"A Shear-Mode Ultrasonic Motor Using Potassium-Sodium Niobate Based Ceramics with High Mechanical Quality Factor"*, Jpn. J. Appl. Phys., **47**, 7702-7706, 2008.

[Li09] E. Li, R. Sasaki, T. Hoshina, H. Takeda und T. Tsurumi: *"Miniature Ultrasonic Motor Using Shear Mode of Potassium-Sodium Niobate Based Lead-Free Piezoelectric Ceramics"*, Jpn. J. Appl. Phys., **48**, 09KD11, 2009.

[Lim10] J.B. Lim, S. Zhang, H.J. Lee, J.H. Jeon, T.R. Shrout: *"(K,Na)NbO₃-Based Ceramics for piezoelectric "Hard" Lead-Free Materials"*, J. Am. Ceram. Soc., **93**, 1218-1220, 2010.

[Lim10a] J. B. Lim, S. Zhang, H. J. Lee, J.-H. Jeon und T. R. Shrout: *"Shear-Mode Piezoelectric Properties of Modified-(K,Na)NbO$_3$ Ceramics for "Hard" Lead-Free Materials"*, J. Am. Ceram. Soc., **93**, 2519-2521, 2010.

[Lin08] D. Lin, K.W. Kwok und H.L. Chan: *"Piezoelectric and Ferroelectric Properties of Cu-Doped K$_{0.5}$Na$_{0.5}$NbO$_3$ Lead-Free Ceramics"*, J. Phys. D. Appl. Phys., **41**, 045401, 2008.

[Lip81] M. G. Lippmann: *"Principe de la conservation de l' électricité"*, Ann. De Chim. et de Phys., 5e série, t. XXIV, octobre 1881.

[Lun86] M. Lundberg and M. Sundberg: *"Studies in the KNbO$_3$-Nb$_2$O$_5$ System by High Resolution Electron Microscopy and X-Ray Powder Diffraction"*, J. Sol. State Chem., **63**, 216–30, 1986.

[Luo08] J. Luo und Y.-M. Chiang: *"Wetting and Prewetting on Ceramic Surfaces"*, Annual Review in Materials Research, **38,** 227-249, 2008.

[Mae02] M. Demartin Maeder und D. Damjanovic: *"Lead Free Ferroelectric Materials"*, in Setter N. (ed.), Piezoelectric Materials in Devices, Lausanne, 389-412, 2002.

[Mae04] M. Demartin Maeder, D. Damjanovic und N. Setter: *"Lead Free Ferroelectric Materials"*, J. Electroceram., **13**, 385-392, 2004.

[Mal03] B. Malic, D. Jenko, J.B. Bernard, J. Cilensek and M. Kosec: *"Synthesis and sintering of (K,Na)NbO3-based ceramics* in: *Solid State Chemistry of Inorganic Materials"*, IV, M.A. Alario-Franco, M. Greenblatt, G. Rohrer und M.S. Whittingham (eds.) 755, 83-88, Warrendale, PA, Materials Research Society, 2003.

[Mal05] B. Malic, J. Bernard, J. Holc, D. Jenko und M. Kosec: *"Alkaline-earth doping in (K,Na)NbO$_3$ based piezoceramics"*, J. Eur. Ceram. Soc., **25**, 2707-2711, 2005.

[Mal08a] B. Malic, D. Jenko, J. Holc, M. Hrovat und M. Kosec: *"Synthesis of Sodium Potassium Niobate: A Diffusion Couple Study"*, J. Am. Ceram. Soc., **91** [6], 1916-1922, 2008.

[Mal08b] B. Malic, J. Bernard, A. Bencan und M. Kosec: *"Influence of zirconia addition on the microstructure of $K_{0.5}Na_{0.5}NbO_3$ ceramics"*, J. Eur. Ceram. Soc., **28**, 1191-1196, 2008.

[Mat04] M. Matsubara, T. Yamaguchi, K. Kikuta and S. Hirano: *"Sinterability and Piezoelectric Properties of (K, Na)NbO_3 Ceramics with novel sintering Aid"*, JJAP, **43**, 7159-7163, 2004.

[Mat05] M. Matsubara, T. Yamaguchi, W. Sakamoto, K. Kikuta, T. Yogo and S.Hirano: *"Processing and Piezoelectric Properties of Lead-Free (K, Na)(Nb, Ta)O_3 Ceramics"*, J. Am. Ceram. Soc., **88** [5], 1190-1196, 2005.

[Mat05a] M. Matsubara, T. Yamaguchi, K. Kikuta, und S. Hirano: *"Synthesis and Characterization of $(K_{0.5}Na_{0.5})(Nb_{0.7}Ta_{0.3})O_3$ Piezoelectric Ceramics Sintered with Sintering Aid $K_{5.4}Cu_{1.3}Ta_{10}O_{29}$"*, Jpn. J. Appl. Phys., **44**, 6618-6623, 2005.

[Mat05b] M. Matsubara, T. Yamaguchi, K. Kikuta und S. Hirano: *"Piezoelectric Properties of $(K_{0.5}Na_{0.5})(Nb_{1-x}Ta_x)O_3$ - $K_{5.4}Cu_{1.3}Ta_{10}O_{29}$ Ceramics"*, J. Appl. Phys., **97**, 114105, 2005.

[Nas69] K. Nassau, J. W. Shiever and J. L. Bernstein: *"Crystal Growth and Properties of Mica-Like Potassium Niobates"*, J. Electrochem. Soc., **116**, 348–53, 1969.

[Nob96] M. A. L. Nobre, E. Longo, E. R. Leite und J. A. Varela: *"Synthesis and sintering of ultra fine NaNbO_3 powder by use of polymeric precursors"*, Mater. Lett., **28**, 215-220, 1996.

[Par08] H.-Y. Park, J.-Y. Choi, M.-K. Choi, K.-H. Cho, S. Nahm, H.-G. Lee und H.-W. Kang: *"Effect of CuO on the Sintering Temperature and Piezoelectric Properties of (Na0,5 K0,5)NbO3 Lead-Free Piezoelectric Ceramics"*, J. Am. Ceram. Soc., **91** [7], 2374-2377, 2008.

[Pow71] B. R. Powell, Jr.: *"Processing of Sodium-Potassium Niobate ceramics"*, M.S. Thesis, University of California, Berkeley, 1971.

[Rei55] A.Reisman und F. Holtzberg: *"Phase Equilibria in the System K_2CO_3-Nb_2O_5 by the Method of Differential Thermal Analysis"*, J. Am. Chem. Soc., **77** [8], 2115-2119, 1955.

[Rei58] A. Reisman, F. Holtzberg und E. Banks: *"Reactions of the Group VB Pentoxides with Alkali Oxides and Carbonates. VII: Heterogeneous Equilibria in the System Na_2O or Na_2CO_3 – Nb_2O_5"*, J. Am. Chem. Soc., **80** [1], 37–42, 1958.

[Röd09] J. Rödel, W. Jo, K. T. P. Seifert, E.-M. Anton, T. Granzow und D. Damjanovic: *"Perspective on the Development of Lead-free Piezoceramics"*, J. Am. Ceram. Soc., **92**, 1153-1177, 2009.

[Sai04] Y. Saito, H. Takao, T. Tani, T. Nonoyama, , K. Takatori, T. Homma, T. Nagaya und M. Nakamura: *"Lead-free piezoceramics"*, Nature, **432**, 84-87, 2004.

[Sai06] Y. Saito und H. Takao: *"High performance lead-free piezoelectric ceramics in the (K,Na)NbO3-LiTaO3 solid solution system"*, Ferroel., **338**, 17-32, 2006.

[Sak01] C. Sakaki, B. L. Newalkar, S. Komarneni und K. Uchino: *"Grain Size Dependance of High Power Piezoelectric Characteristics in Nb Doped Lead Zirconate Titanate Oxide Ceramics"*, Jpn. J. Appl. Phys., **40**, 6907-6910, 2001.

[Sha59] M. W. Shafer und R. Roy: *"Phase Equilibria in the System Na_2O-Nb_2O_5"*, J. Am. Ceram. Soc., **42** [10], 482-485, 1959.

[Shi04] A. Shigemi and T. Wada: *"Enthalpy of Formation of Various Phases and Formation Energy of Point Defects in Perovskite-Type $NaNbO_3$ by First-Principles Calculation"*, Jpn. J. Appl. Phys., **43**, 6793-6798, 2004.

[Shi05] A. Shigemi and T. Wada: *"Evaluations of Phases and Vacancy Formation Energies in $KNbO_3$ by First-Principles Calculation"*, Jpn. J. Appl. Phys., **44**, 8048-8054, 2005.

[Shu92] V. A. Shuvaeva, M. Yu. Antipin, S. V. Lindeman, O. E. Fesenko, V. G. Smotrakov and Yu. T. Struchov: *"X-ray diffraction investigation of single crystals of $NaNbO_3$ in an electric field"*, Krystallografiya, **37**, 1502–7, 1992.

[Sta68] W. Stannek: *"Characterization of Sintering Phenomena of $(Na_{0.5}K_{0.5})NbO_3$"*, Master Thesis, University of California, Berkeley, 1968.

[Tak06] H. Takao, Y. Saito, Y. Aoki und K. Horibuchi: *"Microstructural Evolution of Crystalline Oriented Piezoelectric Ceramics with a Sintering Aid of CuO"*, J. Am. Ceram. Soc. 89, 1951-1956, 2006.

[Tel09] J. Tellier, B. Malic, B. Dkhil, D. Jenko, J. Cilensek and M. Kosec: *"Crystal Structure and Phase Transitions of Sodium Potassium Niobate Perovskite"*, Sol. State Sci., **11**, 320–4, 2009.

[Wan04] R. Wang, R. Xie, T. Sekiya und Y. Shimojo: *"Fabrication and characterization of potassium-sodium niobate piezoelectric ceramics by spark-plasma sintering method"*, Mat. Res. Bull., **39**, 1709-1715, 2004.

[Wan07] J. Wang, D. Damjanovic: *"Compositional Inhomogeneity in Li and Ta modified $(K,Na)NbO_3$ Ceramics"*, J. Am. Ceram. Soc., **90**, 3485-3489, 2007.

[Wan08] K. Wang, B.P. Zhang, J.F. Li und L.M. Zhang: *"Lead-free $Na_{0.5}K_{0.5}NbO_3$ piezoelectric ceramics fabricated by spark plasma sintering: annealing effect on electrical properties"*, J. Electroceram., **21**, 251-254, 2008.

[Zha06] B.P. Zhang, J.F. Li, K. Wang und H. Zhang: *"Compositional dependence of piezoelectric properties in $Na_xK_{1-x}NbO_3$ lead-free ceramics prepared by spark-plasma sintering"*, J. Am. Ceram. Soc., **89**, 1605-1609, 2006.

[Zha08] L. Zhang, E. Erdem, X. Ren und R.-A. Eichel: *"Reorientation of $(Mn_{Ti}''-V_O^{\bullet\bullet})^x$ defect dipoles in acceptor-modified $BaTiO_3$ single crystals: An electron paramagnetic resonance study"*, App. Phys. Lett., 93, 202901-3, 2008.

[Zha09] S. Zhang, J. B. Lim, H. J. Lee und T. R. Shrout: *"Characterisation of Hard Piezoelectric Lead-Free Ceramics"*, IEEE Trans. Ultrason. Ferroelectr. Freq. Control, 56, 1523-1527, 2009.

[Zhe06] Y. Zhen und J.-F. Li: *"Normal Sintering of $(K,Na)NbO_3$-Based Ceramics: Influence of Sintering Temperature on Densification, Microstructure, and Electrical Properties"*, J. Am. Ceram. Soc., **89** [12], 3669-3675, 2006.

[Zhe07] Y. Zhen und J.-F. Li: *"Abnormal Grain Growth and New Core-Shell Structure in $(K,Na)NbO_3$-Based Lead-Free Piezoelectric Ceramics"*, J. Am. Ceram. Soc., **90** [11], 3496-3502, 2007.

[Zuo06] R. Zuo, J. Rödel, R. Chen und L. Li: *"Sintering and electrical properties of lead-free $Na0.5K0.5NbO3$ piezoelectric ceramics"*, J. Am. Ceram. Soc., **89**, 2010-2015, 2006.

[Zuo08] R. Zuo, C. Ye, X. Fang, Z. Yue und L. Li: *"Processing and Piezoelectric Properties of $(Na_{0.5}K_{0.5})_{0.96}Li_{0.04}(Ta_{0.1}Nb_{0.9})_{1-x}Cu_xO_{3-3x/2}$"*, J. Am. Ceram. Soc., **91**, 914-917, 2008.

Schriftenreihe
des Instituts für Angewandte Materialien

ISSN 2192-9963

Die Bände sind unter www.ksp.kit.edu als PDF frei verfügbar oder
als Druckausgabe bestellbar.

Band 1   Prachai Norajitra
          Divertor Development for a Future Fusion Power Plant. 2011
          ISBN 978-3-86644-738-7

Band 2   Jürgen Prokop
          **Entwicklung von Spritzgießsonderverfahren zur Herstellung von
          Mikrobauteilen durch galvanische Replikation.** 2011
          ISBN 978-3-86644-755-4

Band 3   Theo Fett
          **New contributions to R-curves and bridging stresses – Applications
          of weight functions.** 2012
          ISBN 978-3-86644-836-0

Band 4   Jérôme Acker
          **Einfluss des Alkali/Niob-Verhältnisses und der Kupferdotierung auf
          das Sinterverhalten, die Strukturbildung und die Mikrostruktur von
          bleifreier Piezokeramik $(K_{0,5}Na_{0,5})NbO_3$.** 2012
          ISBN 978-3-86644-867-4